中国林草机械装备高质量发展的体制机制研究

邢 红◎著

中国林业出版社
ＩＭＣＦ■ＰＨ■■ China Forestry Publishing House

图书在版编目（CIP）数据

中国林草机械装备高质量发展的体制机制研究／邢红著. —北京：
中国林业出版社，2024.6
ISBN 978-7-5219-2603-3

Ⅰ.①中… Ⅱ.①邢… Ⅲ.①林业机械–管理体制–研究–中国
②草原建设–畜牧场机具–管理体制–研究–中国 Ⅳ.①S776 ②S817.8

中国国家版本馆 CIP 数据核字（2024）第 027828 号

责任编辑：于晓文 于界芬

出版发行 中国林业出版社
　　　　　（100009，北京市西城区刘海胡同 7 号，电话 010-83143549）
电子邮箱 cfphzbs@163.com
网　　址 https：//www.cfph.net
印　　刷 河北京平诚乾印刷有限公司
版　　次 2024 年 6 月第 1 版
印　　次 2024 年 6 月第 1 次印刷
开　　本 787mm×1092mm　1/16
印　　张 11.25
字　　数 200 千字
定　　价 88.00 元

▶▶▶ 前 言

2024年1月，习近平总书记在主持中共中央政治局第十一次集体学习时指出，"发展新质生产力是推动高质量发展的内在要求和重要着力点"。新质生产力核心要素是整合科技创新资源，通过技术革命性突破、生产要素创新性配置、产业深度转型升级，摆脱传统经济增长方式、生产力发展路径，催生适合新发展理念的先进生产力质态，进而提高全要素生产率，形成绿色低碳循环的经济体系。林草机械装备是发展林草新质生产力的重要基础和支撑，破解其发展体制机制性障碍，形成与发展新质生产力匹配的新型生产关系，是林草改革发展的重要职责和使命。

回顾林草装备的发展历程，改革开放和市场化进程，使市场主体的活力和实力不断增强，林机装备的产业体系更加健全，产业链更加完整，实现量的稳步增长和质的显著提升。但由于利益链和价值链的驱使，使产品结构不平衡，木材加工机械、园林绿化机械、防火机械、病虫害防治等方面发展较快，而育苗、整地、造林、抚育、绿色废弃物回收、林果采收等机械发展相对缓慢，机械与林草生态建设和产业发展的现实需求结合得不够紧密，很多生产工序仍以人力和简单的工具为主。林草装备制造产业存在战线长、产能弱、企业规模较小、技术创新不够、自主研发经费投入不足、新产品成果推广困难等问题。

本书着重分析研究了营林、加工、森保、园林、生物质能转化、牧草收获、青饲料生产、草料加工机械的产品特征，以及林业机械装备业和草业机械装备业的生产者特征、消费者特征、市场流通特征等，借鉴美国、德国、日本、芬兰等发达国家的林草机械装备发展现状、管理体制和运行机制等方面的有益经验，系统梳理了林草体制变化及相关法律制度、政策意见、发展规划等对林草机械发展的影响。林草装备是林草新质生产力的重要内容和载体，要推动其快速发展，就必须构建一套完善的体制机制，形成分级管理、分工明确、功能完善的管理构架，形成产业发力、企业主体、市场主导、政府引导、科研协同、联盟协助、合作共赢的"循环创新、多面辐射"网络化的良性循环的发展机制。

本书最后提出了发展现代林草装备的三个着力点：一是加强组织领导、明确行政管理部门和职责；加强顶层设计、充分发挥战略导向作用，强化扶持政策、加大投入资金补贴支持等，完善林草机械装备行政事业管理。二是优化行业发展环境，激发产业发展潜能，构建产业协同体系、培育产业新增长极，促进产业转型升级，推动产业提质增效等。三是完善科技支撑体系，营造行业创新环境，加强科技服务体系建设，健全技术转化机制，健全人才培养机制，激发内生增长动力等。

近年来，国家林业和草原局越来越重视林草装备发展，通过建立林草装备创新产品名录、搭建技术创新高地、进行先进机械示范演示等措施，大力推进林草装备新技术、新产品、新工艺的发展，取得了很好的成效和反响。全面系统地研究林草装备的体制机制目前尚属首例。本书的出版希望能为致力推进林草装备发展的各级领导、行政管理人员、科研人员及装备企业提供一些思考和借鉴。

由于水平有限，且受新冠疫情影响，实地调研和召开座谈会的次数较少，研究的深度受到了一定的局限，不足之处，敬请批评指正。

2024 年 2 月

▶▶▶ 目 录

第二章　相关理论及主体特征

第三章　制度供给现状分析

第四章　林草机械装备发达国家管理体制机制的经验借鉴

第五章　林草机械装备体制机制建设对策

第一章

林草装备高质量发展是时代之需

　　全力推进林业和草原事业高质量发展是新时代对林草事业发展提出的新要求。高质量发展必须以高水平装备为基础和保障。要实现林草机械装备高质量发展，必须解决好林草装备高质量发展中的体制机制问题，打通堵点，解决难点，以深化供给侧结构性改革为主线，以提高土地综合产出率、森林草原资源利用率、全要素生产率，改善林草职工工作环境和工作条件，满足林草事业发展对机械化的需要为目标，充分发挥市场在资源配置中的决定性作用及更好地发挥政府作用，坚持问题导向、目标导向、结果导向，着力机制创新、科技创新、政策创新，补短板、强弱项、促协调、提水平，推进林草规模经营，机地相适，机艺融合，加快构建林草机械现代产业体系，为林草高质量现代化发展提供有力支撑。

一、 中国进入了高质量发展的新时代

　　党的十八大以来，我国已成为世界第二大经济体，形成了世界上最多人口的中等收入群体，无论是经济实力、科技实力、国防实力，还是综合国力，均进入世界前列，成为世界经济增长、贸易增长、科技创新的重要引擎。以习近平同志为核心的党中央明确提出了创新、协调、绿色、开放、共享的新发展理念，以人民为中心、走共同富裕道路的社会主义现代化道路，有力推动我国发

展不断朝着更高质量、更有效率、更加公平、更加可持续方向前进，也标志着中国经济由"高速增长"转向"高质量发展"的新时代。

（一）以增进民生福祉为根本

习近平总书记指出："人民对美好生活的向往，就是我们的奋斗目标。" 2016 年年底习近平总书记在召开的中央经济工作会议上强调从政治经济学的角度看，供给侧结构性改革的根本，是使我国供给能力更好满足广大人民日益增长、不断升级和个性化的物质文化和生态环境需要，从而实现社会主义生产目标（王立胜，2023）。21 世纪以来，中国加速追赶，在一些局部领域已经超越美国，中国人均 GDP、人均预期寿命、人均受教育年限以及人类发展指标与美国的相对差距均在缩小。中国人类发展指数相对于美国的追赶系数从 1980 年的 51%提高至 2015 年的 80%。据专家预期，到 2050 年，这一追赶系数将提高至 97%（张占斌等，2021）。人民对美好生活的追求不断提升，我们要在解决"从无到有"的需求之后，注重解决"从有到优"的需求，注重解决比基本需求更高的精神文化诉求和良好环境的诉求。

（二）以绿色发展为主题

建设美丽中国，实现绿色发展，成为全社会的共识。"2030 年前碳达峰，2060 年前碳中和"成为社会经济增长的硬约束，数字经济为绿色发展提供了重要支撑。高质量发展不仅是高效率增长，以较少的投入获得最大的收益，还要突出节能环保，减少盲目扩张和粗放经营，实现可持续的绿色增长。强调生态环境质量，生态环境修复和治理，降碳减污，扩绿增效，以绿色低碳能源发展为关键，以化石能源为主的产业技术系统向以绿色低碳智慧能源系统为基础的新生产系统转换，推动经济社会发展全面绿色转型，加快绿色低碳领域的技术创新、产品创新和商业模式创新，加快形成节约资源和保护环境的产业结构、生产方式、生活方式、空间格局。

（三）以供给侧结构性改革为重点

供给和需求是经济运行的一体两面，相互依存，互为条件，从平衡到不平衡，再到新的平衡。宏观经济调控以供给侧为重点还是以需求侧为重点，要依据经济运行的主要矛盾和矛盾的主要方面，同时要注重两方面协同发力。供给侧结构性改革，就是以"去产能、去库存、去杠杆、降成本、补短板"为重点任务，关键是增强供给结构对需求变化的适应性和灵活性，用改革的办法推进结构调整，增强产业链和供应链的韧性，激发微观主体活力和创造力，解放和发展社会生产力，减少无效和低端供给，扩大有效和中高端供给，提高核心竞争力。

（四）以创新发展为动力

改革开放以来，我国林草产业高速增长主要依靠劳动力、资本与自然资源等传统要素投入，属于典型的"要素驱动型"模式。从当前情况看，传统生产要素增长均面临诸多瓶颈约束，已难以支撑我国林草产业长期可持续增长。迫切需要实施创新驱动发展战略，加快科技创新、科技成果转化和科技示范引领步伐。同时，随着信息化、智能化、数字化技术加快普及应用，科技创新能力持续提升，新技术、新产品、新服务、新模式、新业态不断涌现，产业链供应链稳步提升，为充分满足各领域对机械化的需求创造了良好条件，为加快推进机械化装备产业做大做强注入持久的动力。

（五）以市场配置资源为主导

经济体制改革是全面深化改革的重点，核心问题是处理好政府和市场的关系，明确市场在资源配置中起决定性作用，即回归到市场经济的本义。更好地发挥政府的作用，主要体现在科学的宏观调控、有效的政府治理上，体现在政府如何利用市场的手段，培育市场、组织市场、激活市场、规范市场，确保市场经济走上预期的轨道。政府要明确调控的目标和方向，充分尊重和维护市场经济主体的合法权益，用经济的、法律的手段，从需求管理入手，明确消费、投资、出口三驾马车的协同拉动作用，突出消费的拉动作用。发挥国家规划的战略导向作用，健全财政、货币、产业、区域等经济政策协调机制，扩大需求，提高质量和效率。

二、 新时代我国林草高质量发展的基本要求

森林和草原是重要的可再生资源，积极培育和科学利用林草资源是林草高质量发展的重要标志。2019 年，国家林业和草原局印发的《关于促进林草产业高质量发展的指导意见》提出，到 2035 年，我国林草资源配置水平明显提高，林草产业规模进一步扩大，优质林草产品供给更加充足，产业结构更加优化，产品质量和服务水平全面提升，资源利用监管更加有效，服务国家战略能力持续增强，我国迈入林草产业强国行列。

（一）高标准的空间保护治理

这是林草高质量发展的基本要求。按照敬畏自然、顺应自然、保护自然的原则，坚持保护优先、自然恢复为主，统筹山水林田湖草沙系统治理，推进形成稳定、健康、优质、高效的森林草原生态系统。我国中度以上生态脆弱区占陆地总面积的 55%，草原中度和重度退化面积占 1/3 以上，湿地生态状况评为"中"和"差"的分别占 52.68% 和 31.85%。第五次全国荒漠化和沙化监测结果显示，截至 2014 年，全国荒漠化土地面积占陆地总面积的 27.20%（郝育军，2021）。生态优先、保护第一始终是践行生态文明思想的重要原则。要突出一体推进生态空间治理、守好生态保护红线，加快创建国家公园，规范和强化自然保护地建设管理，形成常态化监管"硬约束"机制，科学有序开展自然保护地内人工林赎买或生态改造。积极培育林草资源，"质""量"并举推动国土绿化，以森林质量精准提升为抓手，找准森林生态修复切入点，采取改造针叶林、提升低效林、抚育中幼林等多项措施，分类、分期、分批采取择伐、间伐与补植套种相结合的方式进行改造，优化树种组成和林分结构，定向培育大径材森林，

提升森林景观、木材储备和碳汇功能。同时，不断调整森林公园、风景名胜区等重点景观区域内树种组成和林分结构，建设色彩丰富、类型多样、四季有景的复层彩色森林。

（二）高效益的生态经济综合产出

提高综合产出效益是推进林草高质量发展的集中体现。林草发展具有广阔的土地潜力、资源潜力、物种潜力和社会就业潜力，必须坚持质量第一、效益优先，精准施策，分类经营，切实提高林草全要素生产率，提高生态、经济和社会综合效益。我国林地面积 2.84 亿公顷，草地面积 2.65 亿公顷，湿地面积 0.24 亿公顷，共占国土面积的 59%。加上沙化和荒漠化土地，林草涉及的土地占我国总土地面积的八成。我国森林单位蓄积为每公顷 95.02 立方米，约为世界平均水平的 69%，不到德国的 1/3。现有森林面积中，中幼龄林占比高达 64%，提升森林蓄积量的空间很大。精准提升森林质量是"十四五"时期的重要任务，规划单位面积生长量在未来 20～30 年提高 50% 左右。同时，根据林草资源禀赋，培育主导产业、特色产业和新兴产业，培植林草产品和服务品牌，形成资源支撑、产业带动、品牌拉动的发展新格局。充分发掘森林草原蕴含的食物资源，精耕细作，集约经营，提高经济林地利用和产出效率，大力发展林粮、林药、林草、林果、林蔬、林禽等林下经济，提高林草地对国家粮食安全贡献率。大力培育珍贵树种用材林，大力发展竹木产业，加大储备林基地建设，发展森林康养、森林旅游等产业，实施林业一二三产业深度融合，充分发挥森林和草原生态系统多种功能，促进资源可持续经营和产业高质量发展，有效增加优质林草产品供给，实现生态美、百姓富有机统一。

（三）高效能的运行机制

这是林草治理体系和治理能力现代化水平的具体体现。林草治理体系的现代化，就是要激励与约束兼容，协调灵活高效，既符合市场经济运行规律，又体现林草发展特点，形成政府调控适度有力、市场运行顺畅有效、社会管理有为有位、微观主体活力迸发的制度、体系、系统。要积极培育新型经营主体，培育专业大户、家庭农场、农民合作社、农业龙头企业等，在保证农民权益的基础上促进经营主体规模化经营。要合理利用林草资源，正确处理林草资源保护、培育与利用的关系，建立生态产业化、产业生态化的林草生态产业体系，筑牢发展新根基。要充分尊重维护产权主体的合法权益，发挥市场在配置资源的决定性作用，营造良好的市场环境，推进市场主体科学经营，向专业化、集约化、组织化、市场化、社会化方向发展。加快产品创新、组织创新和科技创新，发展"二产"带动"一产"，联动"三产"，推动规模扩张向质量提升、要素驱动向创新驱动、分散布局向集聚发展转变，培育发展新动能。加强政府引导和监督管理，完善服务体系，健全发展新机制。

（四）高水平的科学技术

科学技术是第一生产力。林草科技要聚焦重点领域，明确目标任务，汇集人才智慧，加强财力和组织保障，久久为功，创新突破。我国国家级成果库入库成果达到 1 万项，但能满足基层需求、接地气、有成效、受欢迎的实用成果数量不多。我国林业科技进步贡献率只有 53%，草原科技进步贡献率还不足 30%，重大标志性成果更是缺乏，与其他行业的差距十分明显。针对林草科技发展的短板弱项，科学布局林草种业、林草资源培育与质量提升、林草实用高效作业技术及装备、生态系统保护与修复、应对气候变化等重点技术攻关，以及强化绿色技术创新引领、加快绿色技术转化应用、加强绿色技术人才队伍建设等重点任务。力争到 2025 年，建成较高水平的林草科技创新体系，科技进步贡献率达到 60%，科技成果转化率达到 70%；到 2035 年，全面建成高水平的林草科技创新体系，科技进步贡献率达到 65%，科技成果转化率达到 75%。

（五）高效率的生产方式

生产方式的现代化是高质量发展的必然要求。林草产业总体上属于劳动密集型产业，生产方式粗放、技术装备差、创新能力弱。人均生产率低于发达国家的 1/6，产品附加值仅为发达国家的 1/3，缺少具有国际影响力的大型企业和著名品牌，在全球产业分工中处于中低端水平。户外林草机械多处于空白或起步阶段，机械化造林仅占 10%，苗圃生产机械化程度只有 45%。林农开展林业种植、抚育、管理、采伐主要靠人力，成本负担重。用现代化的装备改进生产方式，提高生产效率势在必行。一是应用现代化的监测管理手段。利用森林资源感知系统，"天空地"一体化综合监测体系等，提升管护能力和水平，实现包含湿地资源、野生动植物资源的森林资源全域化、立体化、智能化监管。二是发展林草机械装备。采取因地制宜、分类指导、先易后难的办法，逐步解决林业草原机械化作业的问题，部分有条件的地区可以率先实行全程机械化。三是逐步推进"机器换人"，建设一批高质量的林业机械应用示范基地，推动机器换人、机械强林，实现"减员、增效、提质、保安全"的目的。

三、　林草机械装备高质量发展的内涵与外延

（一）林草机械装备概念界定

林草内涵丰富，林草机械装备产品种类多样，林草机械装备体系复杂。按照《全国林业机械发展规划（2011—2020 年）》定义分类，林草机械是林草生产和林草产品加工过程中为提高生产效率所应用的机械与成套装备，分为营林机械、加工机械、森保机械、园林机械、生物质能源转化机械和草原机械 6 大类（邢红等，2021），传统上分户外和户内装备。本研究主要关注林草第一产业涉及的林草资源营造、管护、初级产品加工等相关活动的户外机械设备。

（二）林草机械装备高质量发展内涵

中国经济由高速增长阶段转向高质量发展阶段，即不是单纯地追求经济发展的高速度，而是要追求效率更高、供给更有效、结构更高端、更绿色可持续以及更和谐的增长。因此，我国林草机械装备高质量发展，必须以服务林草资源培育和合理利用为目标，通过创新驱动、市场主导、政府引导，实现"增长速度"和"发展质量"，体现"规模化生产"和"个性化定制"，依靠"成本优势"和"品牌效

益"，在"产品供给"的同时，突出"服务供给"。

（三）林草机械装备高质量发展历史使命

机械化是林草事业现代化的重要内容和重要标志。大力发展现代林草机械，加快推进林草装备机械化、信息化、智能化，是实施创新驱动发展战略、提升林草治理能力的必然要求，也是推动林草事业高质量发展的迫切需要。新中国成立以来，我国林草机械化水平不断提高，在园林机械、森林保护机械、人造板机械、家具机械等方面实现了长足发展，部分产品达到国际领先水平。但与林业发达国家相比，我国林草机械化水平总体不高，林木种苗生产、植树造林、防风固沙、森林采伐、林果采摘等方面的机械化程度还有不小差距。推动林草事业现代化建设，改善林草事业生产条件，提高林草工作者劳动效率，必须着力加强林草机械科技研发和推广应用，不断提升林草机械发展水平和保障能力。林草机械装备与农业机械装备相比有较大区别，适用范围、作业空间都有很大的特殊性。许多领域，国外也无可借鉴的成功经验。因此，必须充分发挥林草机械装备工作者的聪明才智，立足我国林草事业发展实际，以实现林草事业现代化为目标，以解决农民的切实之需为导向，创新驱动、攻坚克难、补齐短板、提高质量、增加效益。

（四）林草机械装备高质量发展机遇

虽然经过多年的高速发展，中国林草装备制造业已初具规模，产品研发取得明显进展，生产各类设备2400多种，对推动林草生态建设和产业发展发挥了重要作用。但是，林草装备制造产业存在战线长、产能弱，企业规模较小，技术创新不够，自主研发经费投入不足，新产品成果推广困难和国际竞争力较弱等问题，企业偏重于生产低端产品，更多集中在木工机械、园林机械和人造板机械等。同时，受新冠疫情影响，国内外市场需求急剧萎缩，行业经济效益下滑明显，产业发展面临严峻挑战。同时，我国林草机械装备高质量发展也面临着很大的机遇。

1. 各级领导高度重视林草机械装备现代化

2020年年底出台由国家发展改革委、国家林业和草原局等10部门联合印发的《关于科学利用林地资源促进木本粮油和林下经济高质量发展的意见》明确提出，以降低木本粮油和林下经济生产成本、突破地形地貌制约为目标，围绕"轻便上山"装备、植保采摘等重点环节装备以及全程机械化装备体系、智能化装备和作业体系等关键技术开展联合攻关，尽快在实用林机研发方面取得突破。加强良机、良地、良种、良艺配合，在适宜地区开展"以地适机"试点，加快选育、推广适应机械化作业的优良品种和栽培方式。建立包括科研院所、大学、创新型企业、规模化基地在内的林机产业创新联盟，打造完整的技术创新和市场推广链条。《中华人民共和国国民经济和社会发展第十四个五年规划和2035年远景目标纲要》中明确提出研发造林种草机械装备，通过建立机械化示范区推进丘陵山区农田宜机化改造工程。《国家林业和草原局"十四五"林业草原保护发展规划纲要》中提出，提升林草装备水平，推动林草机械化技术研究，加快研发全地形行走专用底盘、高效造林种草机械、高性能木竹采运机械、林果采收机械、木竹加工智能机械、森林防火机械等，提升林草机械化装备水平。

2. 国家制造业发展为林草装备业发展奠定了基础

我国制造业经过70多年的发展，取得了令人瞩目的成就。持续的技术创新，建立起门类齐全、独立完整的制造体系，大大提高了制造业的综合竞争力，规模跃居世界第一位。农机装备作为"中国制造2025"重点发展的十个领域之一，在国家科技支撑、国家研发计划的持续支持下，实现了农机装备产业转型升级和科技创新能力持续提升。国家装备制造业和农机装备振兴方面取得的技术成果，信息化、网络化、智能化以及新技术、新工艺、新材料的发展，为林草装备发展创造了良好条件和重要机遇。从林草生产的实际需求出发，利用制造业和农机装备成熟的基础研究和关键零部件，特别是智能控制、机器人、多光谱识别系统、大马力拖拉机、高强度轻质航空材料、大容量锂电池等方面的成果，推动造林绿化、荒漠化防治、草原治理、林果采收、木竹加工等关键领域的机械和装备产品重点突破、集成创新与应用，完全有可能攻克一批对林草竞争力整体提升具有全局性影响、带动性强的关键共性技术。通过政策引导、资金扶持、项目带动，有利于推动林草装备企业发展壮大和优化升级，鼓励装备制造企业由单机制造为主向系统集成为主转变，带动配套及零部件生产的中小企业向"专、精、特"方向发展，形成优势互补、各有特色、重点突出的林草装备产业链。

3. 其他行业装备的发展可供借鉴

科学技术部、国家发展改革委、财政部协作支持的国家科技重大专项"高档数控机床与基础制造装备",经过 10 年的持续资助和集中攻关,有效提升了国家工业基础能力和重大战略任务的支撑能力。农业机械化发展很快,2004 年颁布的《中华人民共和国农业机械化促进法》(以下简称《农业机械化促进法》)第六条,明确国务院农业行政主管部门和其他负责农业机械化有关工作的部门,按照各自的职责分工,密切配合,共同做好农业机械化促进工作,形成各级主管部门密切配合、上下贯通的工作机制。2018 年国务院印发的《关于加快推进农业机械化和农机装备产业转型升级的指导意见》提出,建立由农业农村部、工业和信息化部牵头的国家农业机械化发展协调推进机制,力争 2025 年实现农业机械化向全程全面高质高效升级,走出一条中国特色农业机械化发展道路。高档数控机床技术突破、农机装备产业转型升级、旅游装备制造业支持发展,都取得了一些成功的经验,为林草装备的发展提供了技术储备和制度借鉴。林草装备的发展要抓住国家高度重视山水林田湖草沙创新工作的重大历史机遇,加强国家和行业的顶层设计与工作指导,加强统筹规划和前瞻部署,形成"全国一盘棋"的大联合、大协作的组织实施模式,支持政、产、学、研、用深度融合,实现研发制造、工程验证、区域试验和示范工程的完整链接,持续提升林草机械化创新能力,抓住机遇,努力实现后发赶超。

(五)林草机械装备高质量发展目标

"十四五"时期,我国林业草原发展需要加快推进功能多样化、经营科学化、管理信息化、装备机械化、服务优质化,着力推进供给侧结构性改革,着力培育战略性新兴产业,着力提升质量效益,亟须加快林业草原机械化进程,在国家政策保障上确立林业机械化在深化生态文明体制改革中的公益地位,为 2050 年基本实现林业草原现代化奠定坚实基础。到 2025 年,主要林业草原生产作业全程机械化、林业产品加工全面机械化取得显著进展,区域协调共进的林业草原机械化发展新格局基本形成,有条件的地区率先基本实现全程林业草原机械化。到 2035 年基本实现林草产业发展和生态建设机械化。

1. 林业草原机械装备水平全面提升

林业机械装备总量稳步增长，结构持续改善。智能高性能木（竹）材加工机械设备、城市营林机械增长50%以上。高效营林机械、高性能木材采伐运输、人造板机械及设备保有量显著增长。退化草地改良修复和病虫鼠害防治等草原生态机械化治理能力和生态服务功能显著增强，机械化改良草原面积达到10亿亩*，草原生态机械化治理得到全面发展。

2. 林业草原机械作业水平全面提升

草原总体机械化率达到60%，林业生产能耗降低20%，全国营林综合机械化率达70%左右，林果采摘、木材采伐运输、木竹材加工、森林防火领域综合机械化作业率均达到并稳定在80%以上。人造板机械、林产化工机械、家具机械、苗圃机械等林业机械智能化程度有显著提升，林用航空作业面积明显增长，林业机械作业质量效率全面提高。建设一批林业机械化示范基地，辐射、示范、带动林业产业全面发展。草地改良、播种（补播）、田间管理、种子收获等机械化作业薄弱环节取得突破，初步形成草原机械化保护与修复技术体系，苜蓿、燕麦等优质牧草生产实现全程机械化，草原机械总动力达到5000万千瓦，草原建设综合机械化率超过50%，草原机械化建设作业水平得到全面发展（尼玛卓玛，2015）。智能化草原机械装备技术取得一定进步，草原装备行业规模以上企业超过1000家，草原机械化建设装备水平得到全面发展。

3. 林业草原机械化科技水平全面提升

丘陵地区林果采摘、南方人工林区木材采伐集运全程机械化生产模式基本形成。林业特种底盘、林业专用机器人、大型高效营林机械等高端林业装备产业化有所突破。森林植保、森林防火、林业生物质等机械化技术广泛应用。林业机械精准作业能力显著增强。草原—机械互作关系等基础研究取得重大突破，草原机械装备产业科技创新能力持续提升。

4. 林业草原社会化服务水平全面提升

林业草原机械化专业合作社建设更加规范，全国建立50个现代机械化示范林场、20个现代机械化示范草场和100个基层林业草原机械技术推广站。新型林业

---

* 1亩＝0.067公顷

草原机械经营和服务组织不断发展壮大，作业服务面积进一步扩大，机械化支撑适度规模经营的作用显著增强。林业草原机械销售、作业、维修、租赁等社会化服务更加便捷高效。

第二章

相关理论及主体特征

一、 林草机械装备高质量发展的体制机制保障

（一）体制机制的概念及作用

体制是政治、经济和文化等社会生活各领域的一种基本的整体关系框架，是由一定的机制和制度维系的国家和社会组织机构，其最直接的表现是领域或组织间确立的基本关系架构。机制，通常是指制度机制，机制是从属于制度的。机制通过制度系统内部组成要素按照一定方式的相互作用实现其特定的功能。制度机制运行规则都是人为设定的，具有强烈的社会性。

从高速增长转向高质量发展，不仅是经济增长方式和路径转变，更是一个体制改革和机制转换的过程，必须基于新的发展理念，通过一定的制度安排，提升治理体系和治理能力，才能够实现。清华大学公共管理学院教授薛澜从法律法规、体制机构（包括公共和私人的部门）、机制与规则、能力与技术和环境与文化五个方面阐述了国家治理体系和治理能力现代化的构成（陈振明等，2007）。

自 1949 年中央人民政府林垦部成立至今，我国林业部门进行了多次重大体制机构改革，内设机构及直属单位也进行了相应的机构调整及其职责变动。我国林草部门体制机制建设也在不断优化和完善，对推进国家治理体系和治理能力现代化、建设生态文明和美丽中国具有重要意义。同时，建立健全我国林草机械装备管理体制机制是促进我国林草机械装备高质量发展的重要保障。

（二）我国林草装备体制机制变迁

1. 商品经济改造阶段（1958年之前）

传统农业社会向工业社会转化的起步阶段。长期的战乱刚刚结束，百废待兴，国家发展重工业，如钢铁、机械工业等。我国最早的林业机械企业可追溯到1927年于上海设立的华隆机器厂，工厂最初只能进行一些简单进口木工机械的维修，后来逐步发展到能制造一些简易木工带锯机。1948年前后，沈阳兴鞍铁工厂（沈阳带锯机床厂前身）、胜利铁工厂（牡丹江木工机械厂前身）、哈尔滨振祥铁工厂、北京恒兴和铁工厂等也开始制造一些简单的圆锯机、带锯机、圆管车床、锉锯机等产品。1949年7月，为适应快速发展的木材加工的需求，当时的东北地区对一些小型铁工厂、修配厂进行合并、改组，并投资建立了中国第一家生产木工机械产品的国营企业——国营牡丹江机械厂，1952年年末改名为松江省国营牡丹江木工机械厂。1956年，国家对企业实行公私合营时，为了满足日益发展的木材加工业的需要，在东北地区以沈阳木工工具厂为核心，合并了几家私营小企业，成立了"沈阳市带锯机床厂"，主要生产当时急需的带锯机。同年在上海，以华隆机器厂为主，6家企业合营，成立了"上海木工机械厂"。受限于当时的社会环境，个别的零星的机械生产企业，规模很小，设备简陋，技术水平落后，远远满足不了行业需要。从总体上看，当时的林业和木材加工业基本上处于以手工作业为主的阶段，仅有部分作业和部分地区依靠进口设备和少量的国产装备，开始走上了机械化作业的道路。

2. 计划经济构建阶段（1958—1965年）

新中国成立初期，完成了工商资本的社会主义改造后，计划经济体制成为我国法定的经济体制。注重重工业发展，大型国有企业纷纷建立。1958年国家成立了林业部机械局，负责投资建设和管理林业机械企业。同年在东北林学院（现东北林业大学）、北京林学院（现北京林业大学）、南京林学院（现南京林业大学）三所高等林业院校设置了林业机械和木材机械加工专业，并陆续招收本科生，开始为国家培养林业和木工机械方面的高级专门人才。同年，林业部成立了中国林业科学研究院制材工业研究所、林业部林业机械化研究所、林业部林产工业设计院。1963年6月，林业部决定将林业机械化研究所更名为"林业部林业机械研究设计所"，截至1964年年初人员扩充到270余人；1965年由80多人陆续从北京迁到黑龙江省伊春市，正式成立了"东北林业机械研究设计所"，编制200人；1958年扩大投资建设牡丹江和哈尔滨两个林业机械厂，1959年开始扩建牡丹江木工机械厂和上海人造板机器厂；1960年开始扩建苏州、常州、镇江、泰州4个林业机械厂；1962年批准扩建天津林业工具厂（周岩，2019）。这一阶段基本形成了政府主管、科研院所发力、国有林机企业蓬勃发展的大好局面，我国林业机械由仿制开始逐步发展为自主研发，我国林业机械逐渐走上稳定发展的快车道（顾正平，2013）。

3. 停滞徘徊阶段（1966—1978年）

我国林业机械经过多年探索发展，从单一型号向多型号延伸，从单一生产转向综合生产发展。然而，"左"的思想在党内开始抬头，并逐渐占据上风，经济决策出现了一系列重大错误，经济体制也有很多突然变化。1966年后，林业机械管理机构被撤销，两个国家级林业机械科研院所被解散，机械局所属林业机械企业被下放，我国林业机械化事业受到了巨大冲击。在如此困难的条件下，我国林机工作者仍不畏艰辛、钻研探索、不懈努力，林机事业曲折前进。1966年开始，新建西北林业机械厂、西北人造板机器厂和扩建齐齐哈尔林业机械厂；1970年开始，新建昆明人造板机器厂、信阳木工机械厂、鄢陵林业工具厂；1972年批准新建桂林林业机械厂。一个以中央企业为核心、与地方企业共同组成的林木机械制造体系已初步形成，营林机械、木材生产机械、木材加工机械、人造板机械、林业工具刃具五大类产品都开始自己生产。林机企业与科研院所密切协作，研制了一批营林育苗、采伐集材运输、胶合板、刨花板、纤维板机械。然而由于受计划经济和"大锅饭"的影响，生产效率低下，资源浪费严重，产品质量不高，经济发展缓慢。

4. 市场经济起步阶段（1978—1992年）

改革开放后，国民经济开始复苏，由计划经济体制转向社会主义市场经济体制，由单一公有制变为以公有制为主体、多种经济成分并存的经济体制，非公有制经济包括个体、私营、外资、合资等经济蓬勃发展。这一阶段，我国林业机械发展迎来了新的历史时期，外资引进、技术改造、产品更新。1979 年批准，1980 年挂牌成立的林业机械公司，由 18 个企业及 1980 年恢复的北京和哈尔滨林业机械研究所组成，实行人、财、物、供、产、销统一管理，隶属于林业部。林业机械公司除完成为林业生产提供专用机械装备，也承担着林业机械行业的规划、质量监督等政府职能工作。林业建设以木材生产为中心向生态建设转变，营林机械、森林保护机械及木材加工机械迅速发展。根据营林生产不同需求，国内先后研制出多种型号营林拖拉机。1978 年研发了林海-35 型营林拖拉机和金龙-25 营林整地机，后经过多年发展，到 1986 年年底，已配套有翻转犁、挖坑机和反铲挖掘机等 10 余种营林机具，能成熟应用于机械林场造林。1987 年成立了中国林业机械协会，旨在政府与市场之间、企业与市场之间、企业与企业之间架起纽带和桥梁。随着林业战略调整，实施天然林资源保护工程后，营林机械和采运机械发展渐缓，木材加工机械随着实行社会主义市场经济得到快速发展。

5. 市场经济快速发展阶段（1993—2012 年）

随着市场经济发展，政府职能转变，为了充分发挥企业的微观经济主体地位，政府从市场参与者的角色逐步退出。1996 年在林业机械公司的基础上，中国福马林业机械集团有限公司挂牌成立，同时成立了福马集团，经过不断调整，优化资本结构和经营结构，福马集团获得了快速发展。1999 年，福马集团与林业部脱钩，划归中央企业工委管理（现为国务院国有资产监督管理委员会），2007 年与中国机械工业集团有限公司重组，成为其全资子公司，业务由农业机械、动力装备和车辆、人造板机械、工程贸易、工程机械五大业务板块组成，产品出口到美国、加拿大、日本及欧洲、南亚、东南亚等 130 个国家和地区，享有较高市场声誉。林业装备板块拥有大型落地镗铣床、八米龙门铣、高精度外圆磨、立卧式加工中心、高精度动平衡机、激光测量仪等"精、大、稀"加工和检测设备，支撑着主导产品、关键零件的制造生产，在国内同行业中加工能力位列前茅。20 世纪 90 年代以后，随着生产需求快速增长，大批民营企业迅速崛起，山东华盛等一些企业靠外向型市场上规模、上技术、上品种、求发展，纷纷从小型机床、农用柴油机、机械配件等行业转产草坪剪草机、油锯、割灌机。这些林机企业从无到有、从小到大、从弱到强，具备了相当规模与实力。在广东、长三角地区、青岛及周边区域，形成了产业规模聚集的态势，特别是生产木工机械的企业，这种聚集的态势更为明显。

6. 新时代创新发展阶段（2012年至今）

进入新时代，绿色低碳高质量发展是时代的主题。在新一轮科技革命和产业变革的大势下，制造业向智能、绿色、服务方向升级取得了显著成效。在国家政策的引导下，积极推进供给侧结构性改革，支持企业技术改造和设备更新，淘汰高耗能、高污染的落后产能，推动制造业数字化转型和绿色低碳发展。2019年，北京林业机械研究所，受国家林业和草原局委托协同林业及行业有关专家，就林草装备现代化建设做了专题调研。同年举办了首届全国林业和草原装备学术大会，成立了林草装备产业国家创新联盟，重点培育了林木与草原保护装备及其智能化创新团队。2021年国家林业和草原局与浙江省人民政府共建"国家林草装备创新园"。随着劳动力短缺现象愈发明显，"机器代人""机器胜人"的理念提出，以智能制造为主攻方向，加快核心技术攻关，持续完善融合发展政策体系，我国林机发展呈现新趋势，林业机器人因其自动化、智能化等优势成为当前林业机械研发的重点，我国林业机械实现了较好的发展。与此同时，林业机械行业整体实力和自主创新能力得到增强，人造板机械关键技术装备性能大幅提高，木竹加工机械智能化水平显著提升，营林和森保机械设备种类及用途更加多样化。据不完全统计，2020年全国生产林业和木工机械产品的企业在2000家以上，我国林业机械制造业总产值超1000亿元。

可以看出，改革开放和市场化进程，使市场主体的活力和实力不断增强，林机装备的产业体系更加健全，产业链更加完整，实现量的稳步增长和质的显著提升。但由于利益链和价值链的驱使，产品结构出现不平衡，木材加工机械、园林绿化机械、防火机械、病虫害防治等方面发展较快，而育苗、整地、造林、抚育、绿色废弃物回收、林果采收等机械发展相对缓慢，机械与林业生态建设和产业发展的现实需求结合得不够紧密，很多生产工序，仍以人力和简单的工具为主。

（三）创新林草装备体制机制的内涵

习近平总书记指出："改革是由问题倒逼而产生，又在不断解决问题中得以深化。"我国林草机械装备能不能走得实、走得远，体制机制的作用最为关键。

林草机械装备体制机制，包括组织管理体制、研究体制、经费管理体制、人才引进和管理体制、成果评价和应用转化机制等。近年来，我国林草机械装备体制机制改革的脚步从未停歇，有利于林草机械装备发展的政策相继出台，为林草机械装备建设提供了良好的政策环境。

1. 创新林草装备管理体制

（1）强化宏观管理力度

发挥政府的主导作用，完善科技管理和产业管理体制，明确管理部门职责，在供和需两方面着力，推进林草规模化经营，激发、引导和培育林草装备需求；强化林草机械化管理机构同工信、发展改革委、财政、科技部门的交流沟通，构建科学高效的沟通机制，创设全面化的协作调配平台，强化地方同中央在决策拟定上的协商机制，完善经费项目协同配套机制，尽量争取创投基金、低息贷款、财政投资、社会融资的支持，加大林草机械装备购买、林草机械作业补贴力度及对新项目、新科技的资金、政策支持，提升扶持成效。加强对公益类研究机构的支持，发挥政府在重大平台技术、共性技术、公共技术共享方面的作用，通过财政金融手段促进林草装备技术发展，保留创新人才队伍。通过建设林草装备创新产业园等方式，为林草装备企业发展，提供土地、资金、技术、税收等方面的支持，鼓励社会资本进入林草装备行业。

（2）依托林长制建立林草装备管理机构

2021年1月，中共中央办公厅、国务院办公厅印发了《关于全面推行林长制的意见》，明确组织机构，设立总林长，由省级党委或政府主要负责同志担任；设立副总林长，由省级负责同志担任，实行分区（片）负责。各省（自治区、直辖市）根据实际情况，可设立市、县、乡等各级林长。地方各级林业和草原主管部门承担林长制组织实施的具体工作。林（草）长制是分解压实林（草）业生态建设任务责任的有效措施，为林草装备发展提供了新的机遇。基于生态建设快速进程的需求，在林（草）长制的协调下，持续推进责任落实，加强部门间工作衔接和协同配合，作为加快生态保护与治理的手段，大大提升了林草装备应用与发展的空间。

（3）实行产业领域发展分类分级管理

林草装备行业涉及重型装备、小型机具、生产线装备、自动化装备等多个领域，各个地方政府应当根据本区域林草装备产业结构比例不同制定不同的管理政策。针对产业发展不同要求，对林草装备产业实行分级化管理和扶持，统筹协调林草机械化和林草装备产业发展工作。根据现有发展装备，可将林草产业划分不同等级，对于生态建设相关的营林造林装备列入优先发展，与工业技术紧密相关的木工、人造板机械等列入较为优先发展。针对不同产业分级，需要结合区域发展装备，制定不同方向的发展目标，林草装备产业需要有机协同发展。

(4)明确林草装备发展评价指标

根据林业草原机械化理论，林草装备现代化发展的进度要有明确的发展评价指标，指标应符合林草现代化发展的现状。例如，园林机械领域，大多以进出口的经济总量指标来衡量，如图 2-1 所示，我国园林机械发展以出口额作为一个衡量指标(尼玛卓玛，2015)。农业机械化发展中以设备总动力为指标，林草装备由于作业的特殊性，在不同林草装备中使用一个指标无法真实地体现发展进度。大型营造林、抚育采伐等设备可参考农业机械所用指标，统计区域总动力瓦数。而在木工机械、家具机械等方面工业生产特色较重，以经济效益为产出，可考虑以净利润为评价指标。在沙漠治理、草原建设等生态恢复设备，可考虑以恢复植被公顷数等为指标。

2. 创新科技研发机制

(1)完善林草装备科技创新体系

积极创建以企业为核心，科研同企业相结合的技术创新管理模式，关注产品、技术开发过程中急需处理的重大问题，聚集资源优势，合力开展创新工作，构建健全的林草产业科技系统，开发林草科技创新平台，整合各方面优势，培

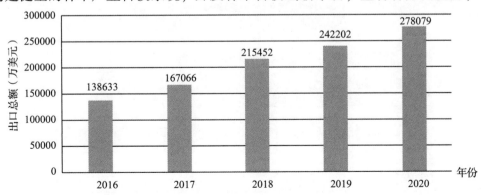

图 2-1　我国园林机械产品出口总额

育建立一支高素质的林草机械装备科技创新队伍，提高林草机械装备科技创新水平。围绕林草现代化建设总体要求，以助力乡村振兴、打造美丽中国，进而促进生态文明建设为目标(图2-2)，由科技支撑向科技引领过渡，聚焦林草机械化进程中的简单机械作业、高效机械作业、精细机械作业、全程机械作业和智能机械作业的问题，实施林机普及、技术升级、多机协同、产业示范四大行动，构建林草机械化作业、林草自动化作业、林草信息化、林草智能化作业四大体系，突破因装备问题而制约林草绿色高质量发展的重大科学问题和关键共性核心技术瓶颈。重点开展造林抚育、人工林质量提升、荒漠化防治、草原治理、经济林果采收、资源监测、灾害防控、木竹初加工等薄弱环节的机械化技术创新和装备研发。攻克多功能底盘、林草机器人等制约林草机械化"上山入林"高质高效发展"卡脖子"的关键共性技术问题。

(2)重点领域重点支持"揭榜挂帅"

"揭榜挂帅"制度作为一种新型重大科研项目资助方式，体现了科技体制改

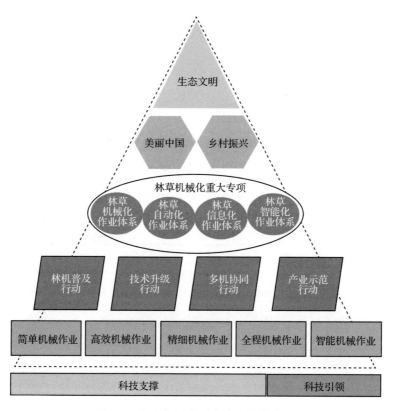

图2-2　林草机械化重大专项整体布局

革和创新，有利于解决关键核心难题，激发创新主体活力，营造开放、公平、公正、非歧视的科技发展环境。林草装备中很多技术难点急需解决，必须发挥各类科技力量，让创新链和任务链精准对接，精准发力，重点突破。通过"揭榜挂帅"的方式，可以推进国家层面、区域层面和林草装备行业重大项目科研攻关，重点突破面向林草产业的应用型学科和交叉融合的新兴学科，解决林草生态建设机械化重大需求，加快新时代林草装备现代化进程。

（3）信息技术带动林草装备行业

现代信息技术与林草装备领域深度融合是我国林草现代化发展的方向，能够极大地提升我国林草装备经济效益和社会效益。大力推广"网络+政务服务"模式，将林草机械化的各项政务监管内容全部透明公布，鼓励跨机构、跨区域、跨业务体系的政务信息分享共用，突破"信息孤岛"的限制，立足于先进的信息科技来达成信息资源的共用共享与协作服务，监管服务事宜互相帮扶、验证查核，降低无意义的重复劳动，不断推进公共服务。

针对林草装备产业中发展较快的生产线现场设备，如木工、人造板、家具机械等产业，由于制造设备和信息系统涉及多个厂家，原本中心化的系统主要采用人工或中央电脑控制的方式，实时获得制造环节中所有信息的难度大。同时，所有的订单需求、产能情况、库存水平变化以及突发故障等信息，都存储在各自独立的系统中，而这些系统的技术架构、通信协议、数据存储格式等各不相同，严重影响了互联互通的效率，也制约了智能制造在实际生产制造过程中的应用。物联网、区块链技术的特点，是能够将制造企业中的传感器、控制模块和系统、通信网络、ERP系统等系统连接起来，并通过统一的基础设施，让企业、设备厂商和安全生产监管部门能够长期、持续地监督生产制造的各个环节，提高生产制造的安全性和可靠性。如图2-3所示，北京林业大学与金田豪迈合作开发的板式家具智能定制系统，可快速生成订单与产品数据，并通过网络直接传给工厂；工厂应用设计拆单软件，根据生产工序的不同，生成物料需求计划（Material Requirements Planning，MRP），不同的数据文件与计算机控制的设备进行无缝对接加工。其特点是销售图示化、拆单快速化、生产简单化、效率最大化，基本上解决了板式家具企业所面临的问题。

随着云计算、人工智能技术的发展，林草装备行业在家具生产等优势行业

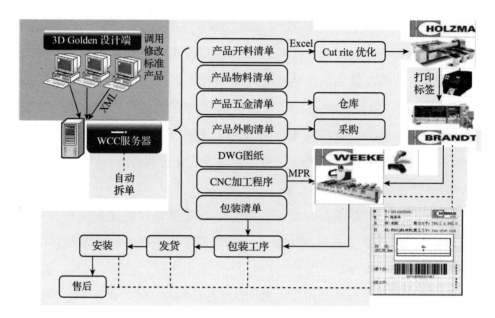

图 2-3　板式家具信息化制造示意

可推行机器即服务模式(RaaS 模式)，此模式利用与工业物联网接触点的连接来传递有关实时操作的数据。"机器即服务"扩展了林草智能装备满足业务目标的能力范围，也称为"设备即服务"或"产品即服务"，现场作业有关实时操作的可用数据对于客户和提供商来说是无价的。

（4）布局林草装备重点科技平台

林草装备现代化建设需要以林草装备高端科技平台为支撑，而现有林草装备科技平台无法有效支撑高端装备的研发与设计。平台优化整合可加强我国在高端林草装备设计方法与共性技术、林草装备智能控制技术等领域的研究工作。解决困难立地造林、新型林草作业执行结构、林草作业对象智能识别、林草作业环境三维感知自主作业控制等问题，制定一批先进林草装备、林草智能技术的国家与行业标准，缩短与国外技术差距，提高我国在高端林草装备领域研究的国际地位与知名度。现有的涉及林草装备的省部级平台大多为国家林业和草原局平台研究机构，各级政府和研究机构应当争取地方和国家级的林草装备重点实验室、研发中心、工程中心等重点平台，多方获取科技力量支撑。

3. 创新政策保障机制

（1）创新林草装备企业融资渠道

纵观我国现有林草装备企业状况，表现出经营规模小、投资能力弱、林草业投资严重短缺等短板，致使林草机械化发展进程缓慢。同时，林草装备经销商和生产商也面临不同程度的资金压力，市场活力不足。国家及地方需推动林草装备产业结构调整和企业兼并重组，加快集团化、集约化进程。构建符合国情、布局合理、专业化协作、集中度高的产业格局，形成以大型企业为龙头、中小企业相配套的产业体系和产业集群。要积极支持符合条件的企业采取上市和发行债券等多种方式筹集资金，拓宽直接融资渠道，鼓励民间资本和外资向符合产业发展方向的企业投资；中央财政应综合运用财税杠杆，对林草装备产业实施稳定的倾斜政策，在增值税税率上给予一定优惠；符合国家高新技术企业认定条件的林草装备企业，优惠税率征收企业所得税。

（2）争取林草装备作业补贴政策

农机购置补贴是重要的强农惠农政策，是促进农业机械化发展、提升现代农业设施装备水平和综合生产能力的有力手段，是保障国家粮食安全和重要农产品有效供给的重要支撑，也是《农业机械化促进法》明确规定的重大措施，应当长期坚持实施。林草机械装备与基层农民的经济效益息息相关，部分产品应当纳入农机购置补贴目录。财政部 2011 年已明确将林草装备中的割灌机、树木修剪机等森林抚育机械纳入财政补贴的农机种类，并将补贴对象扩大到林业职工。对于林草装备应当更加明确产品惠及对象及核心专利等，在林草产业优势区域争取更多的购置补贴机型。

从国际上看，林业发达国家和地区在实现林业机械化之前，普遍采用了直接补贴等措施支持购机，目前有的仍在实施，有的逐步转为机具购置贷款贴息、保险补助等措施。从政策实施角度看，随着林草机械化需求结构加快向高质高效深刻转变，政策实施中也出现一些需要加快解决的突出问题。一是"十三五"期间国家重点支持丘陵山区适用等短板机具的研发，其成果转化力度有待进一步加强。二是引导购置高端、智能林草装备产品机制不够完善，对一些保有量明显过多、技术相对落后的机具实行补贴标准降低和补贴范围退出机制尚不健全。三是金融机构引导作用尚未充分显现，受多数购机者筹资能力弱、贷款申请难、还贷压力大等因素影响，大型智能林草装备的推广应用受到一定程度的影响。四是补贴资金兑付效率有待进一步提升，有的购机者当年提交的申请，翌年才能拿到资金，甚至时间更长，或者根本惠及不到林草机械。

（3）加强林草装备可靠性建设

林草装备在营林机械、防火灭火机械等领域已经有了较多自主化产品，相比国外同领域产品其品质有待提高，对于产品的可靠性更需加以规范。要加快精准林（草）业、智能林草装备、绿色装备等标准制定，构建现代林草装备标准体系。加强林草装备产业计量测试技术研究，支撑林草装备产业技术创新。建立健全林草机装备检验检测认证体系，支持林草装备产业重点地区建立检验检测认证公共服务平台，提升面向林草装备零部件和整机的安全性、环境适应性、设备可靠性以及可维修性等试验测试和鉴定能力。对涉及人身安全的产品依法实施强制性产品认证，大力推动林草装备产品自愿性认证。加强林草装备产品质量监管，强化企业质量主体责任，对重点产品实施行业规范管理。督促林草装备行业大力开展诚信自律行动和质量提升行动，强化知识产权保护，加大对质量违法和假冒品牌行为的打击和惩处力度。

4. 创新产业协同机制

（1）优化产业结构协同机制

林（草）业产业结构是指林业产业中第一产业、第二产业、第三产业的构成及其比重。其中，第一产业主要包括农业（主要指花卉、茶、桑、果等）、牧业（主要指畜牧业）、林业（保护、种植、培育木材及林产品等）；第二产业主要包括采掘业（如木材及竹材采运业）、制造业（锯材、木片加工业，人造板制造业，木制品业，竹、藤、棕、草制品业，林产化学产品制造业，造纸及纸制品业等）及其他（电、煤、水、建筑等）；第三产业主要包括流通业、物业和社会服务业（主要指旅游业等）。林草装备产业属于第二产业，具有产业技术落后、林产品科技含量低等特点。林业产业结构调整的必要性同样可从三个方面理解：一是经济形势的客观要求；二是日益增长的社会需求；三是林业产业经济结构现状的内在要求。

林草装备产业结构调整首先应顺应全球科学技术发展趋势。加快林草装备结构调整，提升林草装备科技竞争力，大力推广先进实用的林草装备科技成果，可为生态文明建设提供有力的科技支撑。其次，林草装备产业结构调整是增强国内经济发展活力的有力举措。只有加快林草装备产业结构调整步伐，以新的发展方式替代传统的发展方式、以新的结构关系替代原有的结构关系，才能利用好经济转型带来的发展机遇，并增强林草行业经济发展活力。最后，林草装备产业结构的调整是加快我国现代林(草)业发展的迫切要求，这有利于充分发挥林草在全面建成小康社会的作用，是一项关系全局以及长远的重大战略任务。

林草装备发展产业协同思路包括产业要素协同、产业布局协同、产业结构协同和产业制度协同。林草装备市场通过价格机制、供给机制、竞争机制和风险机制作用于产业协同微观层面的组织结构和技术结构；政府机制通过经济调节、市场监管、社会管理、公共服务作用于产业导向、产业布局、产业扶持、产业退出等宏观层面的产业协同。

(2)协同优势企业助力林草装备

国有企业和龙头民企具有较强的资本、技术和人才优势，特别在互联网、大数据、云计算、人工智能等现代信息技术方面，地方政府和行业可以激励国有大型企业对林草装备企业实现技术帮扶和联合攻关，建立多元化、多渠道的林草科技投入体系和创新平台，加快形成符合企业自身发展的技术序列，提高整体效能、支撑绿色发展。从国家和地方国资委企业数据来看，现有国家林草装备龙头企业不多，林草装备上市企业数量占据总体规模不足5%，大多企业都是小微企业，龙头企业并未体现其行业示范的优势。

国有企业是我国国民经济的支柱。现有林草装备企业超大规模国有企业极少，大型国有企业仅有中国福马机械集团，由国务院国有资产监督管理委员会监管的中央企业，是中国林业机械协会的会长单位。

2020年中国林业机械协会认定了AAA级信用林草装备企业有山东华盛农业药械有限责任公司、广东博硕涂装技术有限公司、浙江白马实业有限公司、林海股份有限公司、山东百圣源集团有限公司、临沂市新天力机械有限公司、镇江中福马机械有限公司、浙江西贝虎特种车辆股份有限公司、广东先达数控机械有限公司、黑龙江省东京城林业机械厂和青岛千川木业设备有限公司11家企业。

林草产业急需协同大型国有企业参与生态文明建设，实现产业配置的变革性升级。例如，甘肃省建设投资(控股)集团有限公司关注加快推进黄河流域生态保护和高质量发展，着眼黄河中上游泾渭河流域生态综合治理、推进生态文明建设、助力脱贫攻坚实施的重大民生项目，对于区域生态及经济社会发展具有重大意义，该企业研发的固沙车实现了机械化固沙新局面。

（3）林草装备产业协同指标体系构建

产业协同的程度需要指标来衡量。林草装备产业协同的指标是用来评价一个区域产业协同程度的。本研究主要目标层指标包括协同能力、协同创新、协同环境等，具体对应指标包含市场化程度、政府调控能力、创新投入、产业绩效、经济发展水平五部分，具体细化指标包括带动就业人数 M1、装备销售总额 M2、进出口总额 M3、地方政府一般预算收入 M4、高级技术人才体量 M5、规模以上研发经费 M6、技术市场成交额 M7、规模以上林草装备新产品销售额 M8、人均 GDP M9、全社会固定资产投资总额 M10 等（表 2-1）。

表 2-1　林草装备产业协同指标体系

目标层	对应指标	细化指标
协同能力	市场化程度	带动就业人数 M1
		装备销售总额 M2
		进出口总额 M3
	政府调控能力	地方政府一般预算收入 M4
协同创新	创新投入	高级技术人才体量 M5
		规模以上研发经费 M6
	产业绩效	技术市场成交额 M7
		规模以上林草装备新产品销售额 M8
协同环境	经济发展水平	人均 GDP M9
		全社会固定资产投资总额 M10

（4）产业联盟协同创新机制

林草装备行业现有国家创新联盟 1 个，秘书处设在原国家林业和草原局北京林业机械研究所，2021 年事业单位改革后转到中国林业科学研究院木材工业研究所，联盟重点围绕林业装备产业技术创新的关键问题，开展技术合作，加速科技成果的转移转化，提升产业整体竞争力，为行业持续创新发展提供支撑。联盟内部企业涉及领域较多，涵盖林草行业生产的方方面面，但是缺少针对某个林草装备方向的具体创新联盟，力量较为薄弱，需要建立专门专用林草机械的国家林草创新联盟，壮大自身力量。

林草装备企业是技术创新的中坚力量，是科研成果向市场转化的直接推动者，也是产业技术创新联盟的主体。要充分发挥林草装备企业在产业技术创新联盟中的主体作用，一是要激发企业的内生动力。通过创建良好的创新环境、完善激励机制等，鼓励具有较强实力的大型企业集团、产业龙头企业整合科研机构、高等院校等创新资源，组建一批规模大、实力强、带动作用显著的产业技术创新联盟。二是要加强企业创新管理。创新项目是产业技术创新联盟发展的基础和纽带，要鼓励企业积极谋划研发项目，持续为联盟提供创新需求以及必要的人力、财力等创新资源；在企业搭建创新平台，积极承接高等院校和科研机构的成果中试、转化与产业化；以企业创新需求为着力点，加强联盟成员间的沟通协调，提高联盟运行效率。

如图 2-4 所示，协同创新联盟可实现企业间的协同攻关、优势互补、合作共赢，不断优化联盟结构，吸引其他企业加入，从而提升装备行业的整体水平。

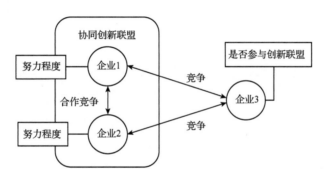

图 2-4　科技创新联盟机制

5. "循环创新、多面辐射"网络化的发展机制

根据对于管理机制、科技机制、保障机制、协同机制的深入研究，融合四个机制内容，本研究提出了基于全产业链的"循环创新、多面辐射"系统优化精进的林草装备现代化发展新机制。新机制从营造创新环境入手，以创新为驱动，以提质增效为目标，以产业示范为抓手，突出绿色制造，四个方面映射出支撑创业等 12 个具体机制因素均与四个基本机制构成相互关联、多点发力、共同发展的全网络结构，不断优化制度和政策，示范辐射带动，让林草装备现代化成果惠及农民，惠及重点区域，惠及生态环境建设与保护及林草产业发展的全过程。结构如图 2-5 所示。

（1）营造产业整体创新环境

林草装备产业既是传统产业，更是一个极具增长空间的绿色"新型"产业。针对国土绿化和生态修复及林草产业发展机械装备作业效率不高、联动装备供

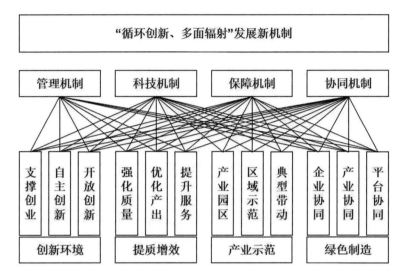

图 2-5 "循环创新、多面辐射"发展新机制

给不足等情况，通过体制机制创新，积极营造一个创新、创业的环境，鼓励企业开展管理、技术等全面自主创新，原始创新、集成创新、引进消化吸收再创新相结合，立足自主创新，用好开放创新，自主创新与开放创新双轮驱动，吸引更多社会资本注入林草装备行业，推动更多高端人才在林草装备领域进行创业。

（2）提质增效强化产出

林草装备服务于林草现代化建设，应以提质增效为目标，优化产品结构，积极引导更多的社会资本，向山地林地进军，攻坚克难，弥补林草发展中装备的短板弱项；强化产品质量，不断优化和完善装备制造业标准体系，加强质量宏观管理，完善质量治理体系，打造优质品牌，形成以技术、标准、品牌、质量、服务为核心的经济发展新优势；提升服务水平，培训操作能手，建立线上线下售后服务网络，增设维修保障网点，提高机械的使用效率。

（3）强化产业示范带动

通过建设林草装备创新产业园等方式，为林草装备企业提供土地、资金、技术、税收等方面的支持，鼓励社会资本进入林草装备行业。发挥龙头企业示范效益，协同相关细分装备领域开展技术攻坚、市场开拓等工作。在生态建设示范的区域建立林草装备现代化示范县（区），重点投入示范区，突出区域特点，配备最为急需的装备，建设林草装备合作社，发现培育树立典型，发挥典型的辐射带动作用，提升服务林草建设面积中机械化的占比，在重点领域突破机械化50%以上。

（4）融入绿色制造战略需求

林草装备企业按照绿色低碳发展要求，实施可持续发展战略，采用绿色设计与制造，规范各个装备细分领域的绿色制造标准，解决好环境污染问题，实现新的经济增长。同时，发挥企业间、产业间、行业间协同效应，形成相互协作、共享业务和特定资源集群，增加企业生产、营销、管理等不同环节、不同阶段、不同方面共同利用同一资源而产生的整体效应。协同效应包括经营协同效应、管理协同效应、财务协同效应等，小型企业不具备投入和建设能力，尤其在设备质量管控上欠缺经验，大企业也存在无法面面俱到的缺点，需携手协同创新攻克"卡脖子"技术问题，培育市场、壮大市场，增强产业整体实力。

2023年6月6日，习近平总书记在内蒙古巴彦淖尔考察，并主持召开加强荒漠化综合防治和推进三北等重点生态工程建设座谈会时强调，勇担使命、不畏艰辛、久久为功，努力创造新时代中国防沙治沙新奇迹。习近平总书记的重视，时代的呼唤，也对装备的发展提出了新要求，必须以改革的精神，加快推进体制机制改革创新，增强装备体制机制系统性、整体性和协同性，及时完善各项管理制度，营造良好政策环境，激发林草机械装备发展的生命力和创造力，形成充满生机和活力的林草机械装备高质量发展新业态，为推动我国林草高质量发展、服务好生态文明建设、服务好党和国家工作大局作出贡献。

二、 林草机械装备管理体制机制研究的基本理论

理论是行为的先导，实践是理论的检验。基于公共管理理论、公共政策理论、产业经济学理论和新制度经济学理论进行理论分析，有助于深入研究林草装备发展的内在机理，从而构建有利于我国林草机械装备行业的高质量发展体制机制，为林草机械的发展提供理论基础和发展范式。

（一）公共管理理论

林草机械装备的发展是现代林草发展的重要组成部分，并发挥着不可替代的作用。用公共管理视野去探索林草机械装备高质量发展的方法，无论是对林草机械装备的高质量发展还是现代林草的发展均具有重要的意义。

公共管理是指以政府为核心的公共部门整合社会的各种力量，通过广泛运用政治、经济、管理、法律等方法，来强化政府的治理能力，提高政府绩效和公共服务质量，最终实现公共利益。公共管理的主要内容包括公共资源和公共项目、社会问题等；其根本特点是与时俱进，不断地适应社会公共需求增长与变化的趋势，为公民提供充足优质的公共服务与公共产品。公共管理是一般管理范畴中的子集，其特点在于公共性，即通过依法运用公共权力、提供公共产品和服务来实现公共利益，同时接受公共监督。这是公共管理区别于其他管理的根本标志（陈振明，2003；胡税根，2014）。简而言之，公共管理就是让政府、企业和第三方部门发挥自己的作用，促使体制机制更加完善。

公共治理是治理理论研究的一个内容，是治理理论在公共事务管理领域的运用。一般来说，治理是一个上下互动的管理过程，它主要通过多元合作、协商伙伴关系，确立认同以及共同的目标等方式来实施对公共事务的管理，其实质是建立在市场原则、公共利益和认同之上的一种合作。全球治理委员会认为，治理是或公或私的个人和机构管理共同事务的诸多方式的总和，是使相互冲突或不同利益得以调和，并采取联合行动的持续过程。治理理念所关注的主要问题是如何在日益多样化的政府组织形式下保护公共利益（国家发展和改革委员会事业单位改革研究课题组，2004）及如何在有限的财政资源下以灵活的手段回应社会的公共需求。

治理是一系列活动领域里的管理机制，是一种由共同的目标支持的管理活动。这些管理活动未必获得正式授权，主体也未必是政府，也无须依靠国家的强制力量来实现，却能有效发挥作用（Czempiel，1992）。治理主要是统治、管理或统治方式、管理方法，即统治者或管理者通过公共权力的配置和运作，管理公共事务，以支配、影响和调控社会。徐勇（1997）提出，治理是指"公共权力的运用形式、方法和手段""公共权力应是一个体系""国家是最高形式的公共权力，社会中也存在公共权力"。公共管理的研究有两种途径：公共政策途径(简称 P 途径)和企业管理途径(简称 B 途径)(张成福等,2020)。

近年来,公共管理领域的网络化治理成为一种颇受关注的公共治理模式,颠覆了以政府治理为主的传统公共行政范式和以市场化治理为主的新公共管理范式。国外学者指出,公共管理作为研究领域,如果不考虑公共行动的网络特征及公共管理者的网络行为,就难以开展合适的研究活动;与其深入纵向挖掘公共管理研究,还不如考虑公共管理者所处的横向的广阔的网络世界。从公共部门角度出发,网络化治理是"为了实现与增进公共利益,政府部门和非政府部门等众多公共行动主体彼此合作,在相互依存的环境中分享公共权力,共同管理公共事务的过程"。网络化治理是一种与等级制和市场化相对的新型治理机制,来自政府、市场和市民社会的参与者,在一个制度化的框架中相互依存,并为实现一定的公共价值而展开联合行动。本研究针对政策网络治理模式进行研究,提出有效管理政策网络的策略和途径(孙柏瑛等,2008)。网络化治理模式事实上是在全球化、信息化、知识化以及政府改革运动的国际治理大背景下,对公共治理理论的一种模式和框架解读,它继承多元治理主体的公共治理核心理念,要求各主体之间的有效互动,并强调制度化治理结构和治理机制在网络化治理中的重要性,最终实现全社会的共同价值和利益。

经过 40 多年的改革开放,我国经济社会结构、民族文化等方面都发生了深刻变化,复杂化利益诉求和多元化社会阶层不断出现,以公共政策途径为主导的传统实现途径难以有效应对企业、社会、公众等多方利益冲突。同时,治理体系缺乏专门的机构或者协同机制来谋划和推动"多元共治",衍生很多复杂性的公共问题,如"公地悲剧""搭便车""邻避效应"等现象(范如国等,2016)。在党的十九大报告中,中央政府依据社会主要矛盾的变化,在新时代治理体系中增加乡村、社区、网络、智库等治理主体,更加强调地方层面和乡村层面多元化的治理体系和治理能力。从"善治"角度来看,治理现代化的内涵与要求跟随新时代中国社会主要矛盾的转化而更新,需利用微观层面的良性高效治理和实现途径多元化演变来激发宏观层面治理的活力,进而不断解决复杂环境下的公共问题,使新时代地方治理体系成为综合性、动态性、差异性和适应性的复杂网络系统,以更加便捷、高效地顺应新时代复杂社会的发展。组织与社会的良好运行,都依赖于公共机构和公众之间是否存在信任和基于信任的合作(文建东,2021)。

在林草机械装备高质量发展的过程中，政府必须以社会和公众的需求为导向，增加政府在此过程中的投入和效率，在充分利用市场资源、整合政府资源的基础上，扩大公共服务供给能力，着力解决现阶段林草机械装备发展面临的问题，全面实现林草产业机械化。

作为林草机械装备公共管理职能的实践者：各级林机和草机管理部门，承担着林草发展的重要职责，要实现林草机械装备行业的高质量发展，就要遵循科学的方法和原则，整合社会资源，广泛运用政治、法律、管理、经济等手段，强化政府对林草机械装备行业的管理引导能力，提高林草机械装备行业管理的政府绩效和服务品质。各级林草部门通过公共政策管理的途径，及时发现林草机械装备行业管理中的公共问题，提出行动方案解决问题，进行林草机械装备行业发展公共政策规划与设计，并有效执行林草机械装备行业公共政策，构建相关的管理职能机制，编制科学合理的林草机械装备行业发展规划并组织实施，促进林草机械装备行业又好又快发展。

（二）公共政策理论

人们开始尝试探究公共政策的实践，起源于公共管理活动。西方学者曾对公共政策作出这样的定义：在特殊的情形下，个人、组织或政府进行有目标的活动，出台和实施政策的目的是把握时机、抵御困难，以实现前期计划的既定目标。20世纪80年代，西方的公共政策理论传入中国，与中国当时的改革开放政策相结合，使我国关于公共政策的理论与研究不断趋于完善。在我国，政策是国家或政府为了实现一定的目标而判定的行动准则和行为规范，其表现为对人们的利益进行分配和调节的政治措施和复杂的过程，它是一系列谋略、法令、条例、措施、办法、方法等的总称。故可以给公共政策下这样的定义：国家机关或政治团体，为实现一定政治、经济、社会、文化等目标，所选择和制定的方案、准则和行动计划，它表现为运用公共权力，管理公共事务、配置公共资源和分配公共利益的过程和结果，具有政治性、公共性、手段性、目标多样性等。

首先，它必然严格遵从和服务于政治系统的意志、利益、任务和目标。公共政策制定与执行首先必须明确的基本问题是政策的归属。政府如何及时发现公共问题，提出行动方案解决问题，是当今政府公共管理的重要职责所在。公共政策的规划和设计是政府为了解决问题，采取科学方法，广泛收集信息，制定出可行性方案的过程。公共政策的执行是公共政策方案被采纳后，把内容转变为现实的过程，也就是政策目标得以实现的过程。

其次，政策目标是解决公共问题，实现共同收益。公共政策规划与设计是政府为了解决公共问题，采取科学方法，广泛收集各种信息，设计一套未来行动选择方案的动态过程。政策前以"公共"限定，表明了公共政策的基本属性。这里的"公共"，首先指向"公共权力"，桑玉成和刘百鸣（1991）认为，只有作为一种公共权力，它才谈得上制定公共政策。宁骚（2011）认为公共政策是公共权力机关经由政治过程所选择和制定的为解决公共问题，达成公共目标，以实现公共利益的方案。陈庆云（2011）在《公共政策分析》中对公共政策的定义是"政府依据特定时期的目标，在对社会公共利益进行选择、综合、分配和落实的过程中所制定的行为准则"。

再次，公共政策是按照政策目标设定并推行的，也是靠目标作为衡量政府管理的评价标准。公共政策是由政治家即具有立法权者制定的，而由行政人员执行的法律和法规，"制定和执行"是对公共政策活动过程的概括（伍启元，1989）。中国学者孙光（1988）在《政策科学》中表述："政策是国家和政党为了实现一定的总目标而确定的行动准则，它表现为对人们的利益进行分配和调节的政策措施和复杂过程"。政府部门正是通过政策制定这一宏观手段适时纠正市场失灵，来引导、扶持林草机械装备行业的高质量发展。

最后，公共政策是一个系统的过程。公共政策是政府实施公共管理职能的手段，其功能具有多样性，主要包括导向、管制、调控、分配、协调等功能。由于任何一项公共政策都有其特定的价值取向，因而同一项公共政策的代价和获益很难集中于同一社会群体，即一项公共政策向某些社会群体进行利益倾斜，就可能使另一些社会群体的利益受损。

研习林草机械装备的公共政策，可促使政府公共管理者获取政策知识，发展林草机械装备公共政策分析的方法和技术，从而制定出良好的政策规划，有效地推动林草机械装备的高质量发展。

（三）产业经济学理论

1. 产品生命周期理论

产品生命周期理论，以生命过程的眼光看待市场中的产品，提出所有的产品都会经历导入期、成长期、成熟期直至衰退期的市场生命过程；按照一定标准划分的不同细分市场，产品进入市场的时间起点、发展速度、变化规律以及退出市场的时间都会不同。理想的产品生命周期应是成本最小化、利润最大化。从整个产品生命周期过程来看，则是"短的开发期—短的导入期—短的成长期—长的成熟期—长的恢复期—短的衰退期—长的恢复期—短的衰退期"。

产品生命周期理论原指跨国公司根据产品生命周期，即从推出新产品到广泛生产、销售直至退出市场整个过程的不同阶段所做出的对外直接投资决策的一种理论。美国哈佛大学教授雷蒙德·弗农经过长期研究，1996 年在其著作《产品周期中的国际投资与国际贸易》中首次提出了产品生命周期理论。弗农发现，美国跨国公司通常根据产品所处的不同阶段来决定这些产品的生产和销售地点，其对外投资决策与产品生命周期有关。根据这一理论，产品的生命周期可以划分为三个不同阶段，即新产品阶段、成熟阶段和标准化阶段，企业根据产品所处的不同阶段做出对外直接投资决策。新产品阶段是指产品从设计投产到进入市场阶段（简新华等，2009）。处于新产品阶段的企业会集中在国内生产，此时对区位的选择并不是主要考虑因素，新产品的需求主要在国内，这一阶段一般不会出现企业的国际直接投资行为。成熟阶段是指产品进入大批量生产并稳定地进入销售市场。这一阶段表现为技术扩散，市场竞争日益激烈；产品基本定型，开始通过规模经济降低成本；出现跨国生产和对外直接投资的地区选择。这一阶段对外直接投资，地区选择主要是西欧，因为消费水平与美国相似，市场容量大，生产条件好，要素价格相对较低。在标准化阶段，企业的技术垄断优势不复存在，产品的生产、规格、样式等都已完全标准化，企业将其所拥有的优势与该企业生产产品的生命周期的变化联系起来，并在世界范围内寻找适合的生产区位，通过对外直接投资将产品的生产转移到工资最低的国家和地区，一般自然资源丰富、具有低成本优势的发展中国家就成为跨国公司对外直接投资的最佳区域。

2. 产业组织理论

产业组织理论就是以企业和市场为研究对象，从市场的角度研究企业行为或者从企业的角度研究市场结构(卫志民，2002)。目前，主流产业组织理论基本都是来源于西方学者，我国关于产业组织的理论研究起步较晚，虽然已经取得了丰硕的成果，但是从本质上来说仍然是对西方理论的借鉴与学习。

产业组织是指同一产业内企业间的组织或者市场关系(包括交易关系、行为关系、资源占用关系、利益关系)。马歇尔在研究规模的经济性问题时，发现了著名的"马歇尔冲突"，即自由竞争会导致生产规模扩大，形成规模经济，提高产品的市场占有率，又不可避免地造成市场垄断，而垄断发展到一定程度又必然阻止竞争，扼杀企业活力，造成资源的不合理配置。为了解释这一现象，他在萨伊"三位一体"生产要素理论的基础上将组织也纳入生产要素的范围，提出了包含劳动、资本、土地、组织的四位一体的生产要素理论。马歇尔也是第一位将产业组织概念引入经济学的人。随后贝利和米恩、张伯伦、罗宾逊夫人等先后出版了《近代股份公司与私有财产》《垄断竞争理论》《不完全竞争经济学》等专著，克拉克提出了"有效竞争"的概念，这一系列理论的分析和新概念的提出为产业组织理论的形成奠定了基础。后来学者在前人研究的基础上，形成了三大主流产业组织理论，即哈佛学派产业组织理论、芝加哥学派产业组织理论和新产业组织理论。前两个学派通常被统称为传统产业组织理论。

(1)传统的产业组织理论

①哈佛学派。哈佛学派的主要代表人物是哈佛大学梅森教授及其学生贝恩和美国经济学家谢勒(Scherer)。他们共同提出了经典的SCP产业组织分析范式，即"结构(structure)—行为(conduct)—绩效(performance)"。哈佛学派产业组织理论具有以下重要特征：一是以产业内企业之间的组织关系为研究对象，主要是企业之间的竞争与垄断关系。二是将市场结构作为研究中心。哈佛学派认为，结构、行为、绩效之间存在着因果关系，即市场结构决定企业行为，而企业行为决定市场运行的经济绩效。正是因为这样，该学派又被称为结构主义学派。三是产业组织合理化的评价特别强调完全竞争标准和平均利润率。他们将市场中企业的多寡作为衡量相对效率改善程度的尺度，认为随着企业数增加，完全竞争状况接近，基本就能实现较为理想的资源配置效率。四是在公共政策上，积极主张政府采取企业分割、禁止兼并等直接作用于市场结构的公共政策，

以恢复和维护有效竞争的市场秩序。五是在研究方法上偏重于实证研究。

②芝加哥学派。芝加哥学派的主要代表人物有斯蒂格勒、德姆塞茨、波斯那、麦杰等。他们批判了哈佛学派的观点，更加注重理论分析，从价格理论的基本假定出发，认为结构、行为、绩效三者之间并不是简单的单向因果关系，他们之间存在某些复杂的联系。他们进一步主张政府应该减少对市场的干预，强调市场长期竞争的效率。他们的研究进一步扩大了 SCP 范式的研究视野，极大促进了产业组织理论的发展。芝加哥学派特别注重判断市场效率是否提高，而不是只关注结构是否损害了竞争。因此，芝加哥学派也被人们称为"绩效主义"学派。芝加哥学派进一步完善了由哈佛学派提出的 SCP 范式的分析框架。

（2）新产业组织理论

哈佛学派和芝加哥学派的理论研究方法都是以静态的实证分析为主。这种缺乏理论、过于依赖经验的统计方法研究得出的结论只能解释某一特定时期特定行业的策略行为和经济绩效之间的关系。这种关系也不一定是哈佛学派所描述的因果关系。这种方法顶多只能反映出某一时期既有行业结构的行为和绩效之间的某种特定联系，并不能说明该结构的形成原因及未来发展趋势如何（多纳德·海，2001）。因此，哈佛学派和芝加哥学派的产业组织理论被称为是"传统产业组织理论"。

新产业组织理论在理论范式、研究方法和政策主张上对传统产业组织理论进行突破和创新（余东华，2004）。主要代表人物有考林、沃特森、威廉·杰克·鲍莫尔等。新产业组织理论引入了可竞争市场理论、博弈论、交易费用和产权理论、合约理论等分析工具。他们将市场结构视为内生变量，打破了传统产业组织理论单向静态的研究框架，建立了双向动态的研究框架，丰富了产业组织理论的理论基础，对现实的指导和解释更具有说服力。此外，新产业组织理论还对社会福利问题、产品差别等做了深入的研究。主要派别有以科斯、诺斯、威廉姆森、阿尔钦等为代表的新制度经济学派，以鲍莫尔、帕恩查、韦利格为代表的可竞争市场理论，以及以米塞斯、哈耶克等奥地利经济学家为代表的新奥地利学派等。

总之，新产业组织理论认为市场结构是内生变量，企业通过策略性行为改变市场环境，影响竞争对手的决策，使得其做出对主导厂商有利的决策行为，从而达到排挤对手或组织新对手进入市场的目的。产业组织理论在发展中引入了许多新的因素，建立新的组织体系（吴汉洪，2007）。从组织结构的理论分析，我国林草机械装备行业市场集中度不高，下属各板块发展不均衡，各地区发展也不平衡，企业多以中小企业为主，大型企业数量较少。由博弈论方法和经济学模型理论可见，价格仍然是我国林草机械装备企业最主要的竞争手段，企业研发投入不足，多采用技术跟随战略，广告投入不足，推动品牌建设落实。

（四）新制度经济学理论

行业制度的发展和变迁使林草机械装备的发展进入新阶段。基于新制度经济学的分析，有利于分析林草机械装备中存在的问题，使"无形的手"推动市场有序化、规模化发展，推动林草机械装备组织创新，提高行业整体发展水平。

人类社会的经济关系归根结底是一系列交换关系的集合，而交换的完成必然需要成本，这种成本就是交易成本。现代制度经济学则更为广泛地把交易成本定义为涵盖所有与制度或组织的建立、变迁，以及制度或组织的使用有关的成本（宁连举等，2020）。如科斯所说，新制度经济学是用主流经济学的方法研究制度的经济学。交易费用理论是新制度经济学的核心概念，关于交易费用为正值的假设是新制度经济学与新古典经济学的根本区别。交易费用思想是科斯在1937年的《企业的性质》一文中提出的，科斯认为，交易费用应包括度量、界定和保障产权的费用，发现交易对象和交易价格的费用，讨价还价、订立合同的费用以及督促契约条款严格履行的费用等。1960年，科斯在《社会成本问题》中将这一思想具体化，他指出"为了进行一项市场交易，有必要发现和谁交易，告诉人们自己愿意交易以及交易条件是什么，要进行谈判、讨价还价、巧定契约、实施监督以保证契约的条款得以履行等"。

科斯运用交易费用理论作为分析工具，对企业的性质以及企业与市场并存在于现实经济世界这一事实做了解释。科斯认为，市场机制和企业都是一种配置资源的手段，且他们之间可以相互替代的。但是要采用哪种配置资源的方式，则完全取决于交易成本的比较。市场机制的运行是有成本的，但是这个市场运行成本也是可以减少的。交易费用的节省是企业生存以及替代市场机制的唯一动力。交易费用的提出，对新制度经济学具有重要意义。由于经济学是研究稀缺资源配置的，交易费用理论表明交易活动是稀缺的，市场的不确定性导致交易也是有风险的，因而交易也有代价，从而也就有如何配置的问题。资源配置问题就是经济效率问题。所以，一定的制度必须提高经济效率，否则旧的制度将会被新的制度所取代。这样，制度分析才被认为真正纳入了经济学分析之中。

资源的稀缺性产生了配置效率的差别，企业这种资源配置的方式是为了减少交易成本而存在，同样，政府干预也是一种资源配置的方式。作为正式制度的提供者，政府在市场交易成本较高的情况下通过制度的变迁，降低交易成本。而制度的提供也是需要成本的，新制度经济学语境下制度的供给与需求也同样可以进行均衡分析。随着交易费用经济学的发展，以威廉姆森为代表的新制度经济学家开始运用交易费用理论对公共行政学领域的问题进行研究，并引起了公共行政学研究的重大变革。2009 年诺贝尔经济学得主威廉姆森于 20 世纪末涉足公共行政学研究并提出了关于公共官僚的交易费用模型。

不少学者对于科斯的企业理论问题的看法是基本一致的。谈万强(2010)对企业理论的认识，企业与市场相互替代，一起完成对稀缺资源的配置与协调，是一个社会经济体系最基本的制度结构和微观基础。而不断完善和创新现代企业制度和市场价格制度，也就构成了一个社会经济发展的制度源泉。换言之，一个国家的经济增长和发展，就是市场和企业这两种资源配置方式相互替代并趋于均衡的制度创新的过程。但是也有学者认为，交易费用的降低并不是企业利润提高的唯一因素。宋劲松(2000)在《评新制度经济学企业理论的基本观点》一文中对此问题给予了比较详细的解说。我们也应该看到企业理论问题有它的局限性，就是科斯没有把生产纳入进来，因而对制度的均衡理论没有深入讨论，还有就是只关注制度的效率后果，没有考虑公平因素等问题。

对于制度变迁理论的认识，学者们基本上是侧重于制度变迁的模式、路径依赖及制度创新等问题的研究。刘景光(2007)认为，制度变迁是一个效率更高的制度对一种相对较低效率制度的替代和交换过程。制度变迁理论丰富了人们对于制度和制度变革的认识，同时也再一次向我们证实：制度对经济增长的重要作用。张红凤等(2004)认为，新制度经济学忽视了其中关于解释制度变迁的方向及其在经济增长、衰退和效率中的作用等问题。

在林草机械装备企业与农户关系松散、衔接不稳定的背景下，减少交易成本就是组织创新的重要内容之一。首先，林草机械装备行业发展过程中的交易成本来源于缺乏协作而产生的监督、缔约以及搜寻成本，协调体制机制的高质量发展能够通过资源共享与价值共创打破松散的低协同关系，在系统内部形成稳固的网络连接关系，缓解林草机械装备行业发展过程中存在的诸多矛盾，进而降低产品购买、使用、维修、保养等方面的交易成本。其次，为了实现林草机械装备行业的高质量发展，制度环境与制度安排需要进行双重改进，将促进各参与主体的异质性资源共享与供需价值共创作为制度改进方向，形成协同之势，推进林草机械装备制造企业向价值链高端迈进。

三、 林草机械装备的发展历程与现状

（一）林草机械装备的发展历程

1. 林业机械装备业的发展历程

机械在林业生产中的使用始于木材采运。1892 年，第一台拖拉机在美国问世后，很快就在林区获得应用，但由于不适应林区复杂的自然条件，效率较低。19 世纪后期，仿效采矿工业，在林区开始使用铁轨道、木轨道和简易车辆搬运木材。20 世纪初，森林铁道开始用于木材运输。1913 年，美国制成蒸汽机集材绞盘机，1914 年德国制成第一台双人动力链锯。从此林区开始用动力锯锯木和用绞盘机拖集木材。20 世纪 40 年代末期，苏联制造出履带式集材拖拉机。1957 年，第一批四轮驱动、折腰转向的轮式集材拖拉机问世，因速度快、重量轻、耗油少、效率高得以迅速发展。50 年代末期，各主要林业国都实现了木材生产机械化。20 世纪 60 年代以来，随着汽车工业和林区道路网的发展，汽车运材逐渐取代费用昂贵的森林铁道运材。运材汽车发展成为具有随车液压起重臂的自装集运材汽车，并与拖车组成汽车列车。60 年代后期出现的伐区作业联合机，是木材生产机械化的重大进步。

（1）营林技术装备发展历程

①营林机械化的初创时期（1952—1957 年）。中国营林机械化的发展主要是

从东北林区开始起步。1952年，东北人民政府林业局借鉴苏联的经验，着手筹备机械化造林试点，1953年5月在吉林省开通县正式成立机械化造林试验站，建站当年采用纳齐拖拉机牵引苏制四铧犁和圆盘耙造林整地360亩，同时使用机引蔡斯金式植树机试行机械植树。这是中国首次试用机械进行造林并获得成功，显示了机械化的优越性，随之规模迅速扩大。1954年试验站拥有拖拉机19台，1955年增加到35台，机具178台。1956—1957年立即扩大成为4个机械化林场的建制，年机械造林面积达3万多亩。

在育苗方面，1950年东北地区开始逐步集中兴建苗圃。由于经营面积扩大，部分苗圃开始自行改制手工育苗工具，如辽宁最早的创新工具五齿条播耙，虽是简单的木制工具，却每年可节约70多个工日。1955年，制成了马拉U形起苗犁，为铁制畜力机具，技术上已有明显进步，结构精巧合理，作业性能好，提高工效约10倍。

林业部造林司（现国家林业和草原局生态保护修复司）对全国各地的林业新机具也及时进行了总结、扶持，并着手择优推广，于1956年6月，委托机械工业部第一机器工业管理局为苗圃批量生产制造起苗犁和手推联合播种机。这一时期，除了东北三省以外，内蒙古、湖南、河北、福建、浙江等省份也都先后开展了机械育苗、造林工作，并且产生了较好的效果。如1956年11月内蒙古自治区林业厅在通辽召开了哲里木盟、昭乌达盟和呼伦贝尔盟3盟营林工具鉴定会议。现场交流了育苗、造林新工具共29种。经过表演、评议，决定将其中9种机具向全自治区推广，地区性推广10种，促进了营林机械化的发展。

②营林机械的发展和充实巩固时期（1958—1965年）。1957年以后，营林机械化进入较大的发展阶段，国营机械林场由1956年的7处发展到1959年的12省份63处，保有拖拉机198台，各种农机具535件，其中较大的林场每年机械造林3万亩以上。经过1962年调整巩固，这些机械林场分属部、省、地、县4级领导。大部分都进行了机械造林的规划设计，并配备了机械维修设备，每年完成的机械造林任务达60余万亩，为中国营林机械化建设起到良好的典型示范作用。1962年，在平原地区机械造林水平不断提高的基础上，林业部首次从日本引进了多种型号的动力挖坑机、割灌机、手扶拖拉机和背负式、手抬式动力喷雾机等中小型机具。

林业部委托林业机械研究设计所负责在全国各主要林区进行适应性试验，

以期逐步为丘陵山区营林机械化开辟途径。经过对引进技术的实地应用和试验，消化吸收了新技术，其中营林用小动力拖拉机、割灌机、弥雾喷粉机等经改进，形成了我国的定型产品。1961—1964 年由林业部主持组织、协同农机部有关研究所，在丘陵地区国营林场进行了 3 次大规模的手扶拖拉机现场实验，促进了手扶拖拉机在中国从无到有的发展。

1959 年 5 月，林业部在东北三省巡回召开了全国造林工具改革现场会，来自各省份的代表们现场参观了辽宁、吉林、黑龙江 3 省 4 县的营林创新工具。会议总结推广的机具有 92 种，其中育苗机具 60 种、造林机具 21 种、其他林业机具 11 种。1960 年，林业部国营林场总局设立机械处，统筹管理营林机械化工作。一是试验示范。建立了东北山区、黄土高原区、南方山区、华北山区林场，以及平原机械化林场、平原半机械化林场和经济林林场等不同类型的 8 个机械林场，进行新型营林机具和进口样机生产实验、定型推广。二是宣传推广。组织出版《机械造林》《营林新机具》等技术普及书籍，各省份也先后编印了地方机具汇编。三是组织专业科技人员或机械使用能手，加强林机生产服务，解决生产中迫切需要解决的技术难题。这一阶段，手工工具逐渐变革成为畜力或动力机具；单工序作业工具发展为多工序机具；并在此基础上，确定了"配套成龙"的发展方向。

从 1959 年开始，中国拖拉机制造工业初步形成，开始试产多种轮式和履带式拖拉机，并初步确定了中国拖拉机系列型谱。1963 年以后，中国营林机械化的发展，随着国产拖拉机逐步进入林场和苗圃，经过机具的改造，一些由畜力机具完成的作业变为机械化作业。辽宁、吉林先后将马拉起苗犁、播种机、作垄作床犁等，改造为机引或悬挂式机具，并且新研制了悬挂式植树机、悬挂式圆盘除草机等，这些与拖拉机配套的机具后来都成为林业部定型生产的通用产品。

③徘徊动荡时期（1966—1976 年）。中国的营林机械化在经过 20 世纪 60 年代初期调整充实后，稳步向前发展。1966 年始，"文化大革命"造成的动乱，使已经开创和发展的营林机械化事业中断。林业部营林机械化的管理机构被撤销；已经建立和正在发展中的机械化林场在体制上层层下放；拖拉机被抽调"支农"，机具和设备被弃置、遭破坏；机务技术干部和技工大量散失。不少机械林场徒有虚名，只得依赖国家投资雇用农业劳力手工造林。正在发展之中的营林

机械产品，一度由于工厂处于无政府状态，管理系统瘫痪，产品质量得不到保证，加上林区使用和管理混乱，设备故障率高，造成大量积压浪费。营林机械专业科技工作，因机构变迁、人员下放而基本停顿。群众性的技术创新活动，因停产闹革命和技术人员受非议而冷落。但是，由于广大职工出于热爱祖国、信任党的基本政治觉悟，逆境中不忘工作，"文化大革命"后期，营林机械化在挫折之中有所前进。

1973 年以后，主要专业科研机构遇到较好的转机，接连研制成功行星摆线针齿传动的挖坑机、苗圃筑床机、联合播种机和多种喷灌设备。至 1975 年，辽宁、吉林、黑龙江、内蒙古和北京的一些苗圃也在比较困难的条件下研制出一些适用的新机械，如起大苗犁、机引播种机、喷药车、施肥车、喷灌车等，逐渐在各地苗圃中仿制使用。1974 年，辽宁省受林业部种苗局委托，组织了辽宁苗圃机械化研究协作组，并确定辽宁北镇和辽阳两苗圃为重点，推进机械化的发展。专业队伍的研制，基层生产单位的创新推广，对全国而言，虽只限于局部地区，也使人们感受到机械化技术发展的生机。

④恢复振兴时期(1977 年以后)。1977 年以后，中国营林机械化进入了新的发展时期。这个时期的特点是营林机械的科技工作优先得到重视和发展；产品开始考虑更新换代和质量创优，并着手开发新产品；国营机械林场得到整顿、调整和巩固；营林机具的创新、推广工作已达到较高水平。林业部组织展览会、评选会、技术鉴定会、培训会等各种专业活动，不断促进了营林机械化的恢复和发展。

营林机械的科技工作在这段时期空前繁荣，许多科研成果填补了机械品种的空白，使育苗、造林、抚育等主要工序基本有了相应的机型。如营林动力机械除生产中选用农业拖拉机外，各地针对营林生产中的特殊要求，先后研制成 8 个型号的营林拖拉机。其中，比较成熟的有金龙-25 型营林整地机、林海-35 型四轮驱动营林拖拉机和 Jc-30 型履带式营林拖拉机。后两种主要应用于人工林抚育间伐和次生林改造的集运作业。金龙-25 型营林整地机则已配套有翻转犁、挖坑机、植树机、垦复机、液压抓具和反铲挖掘机等 10 余种营林作业机具，成为具有广泛用途的营林拖拉机，已开始出口外销。

苗圃机械的发展，从整地、筑床、播种、移栽、喷灌到起苗、包装已基本配套。其中，筑床机、播种机、切条机、起苗机等都有多个型号和多种规格的机型。苗圃喷灌设备有了更大的发展，除了可以成套设计和供应管道喷灌系统外，还先后研制推广了轻便移动式和电力驱动、地下埋藏、拖拉机牵引或悬挂、手扶拖拉机配套等多种型式，已经通过鉴定的就有 20 个品种。1978 年 9 月，林业部造林司决定向北方 15 省份推广苗圃机 15 种，由辽宁林业机械公司承包制造和培训推广。其中，包括深松犁、施肥车、筑床机、喷灌机、插条机和起大苗犁等。

容器育苗机械在这一时期开始研制。1980 年，林业部科技司首次召开容器育苗机械设备研制汇报会，广西的纸杯、辽宁的泥炭杯、山西的塑料杯、天津和新疆的温室大棚等不同育苗方式，以及各具特色的机械和设备都得以发展。造林和抚育机械也打开了新的局面，植树机过去只有单一型号，这一时期研发了大苗开沟植树机、轻型植树机、沙丘植树机、深植栽树机等近 10 个品种。一些小型动力机械，如高程弥雾喷粉机、喷烟机、移动水泵、割灌机、挖坑机等都完成了产品的更新换代，性能指标有了很大提高。具有新型耕作部件的油茶垦复机、弹齿整地机、株行间除草机等，也都先后在 1978—1980 年通过了技术鉴定。1982 年以来，辽宁省林业机械公司与国家林业总局西北华北东北防护林建设局和宁夏回族自治区协作，以固原为基地，在黄土地区扩大推广翻转犁、双向耙等 4 种反坡梯田造林机具，取得了可喜的成效。

（2）园林绿化技术装备发展历程

归属于建设部门的园林机械厂组建于城市化进程缓慢的 20 世纪 70 年代前后，以城市园林系统机械的维修和改装为主业，也曾试制生产过一些专用单机，但并未形成完整的产品体系。如北京园林机械厂分工生产园林打药车、草坪修剪机等；上海园林机械厂分工生产草坪剪草机、园林工具等；济南园林机械厂分工生产园林洒水车等；杭州园林机械厂分工生产园林高空作业车等。园林手工具全部来自农业系统的园艺工具厂，担架式园林打药机以及打药车配套的药泵泵组都是采购自农业药械厂，弥雾喷粉机、割灌打草机、油锯等便携式动力机械都产自林业机械厂。

20 世纪 70 年代中后期，随着大中城市景观草坪种植面积扩大，园林工人养护管理的工作量大幅度增加，也曾有不少企事业单位开发研制过草坪机、绿篱修剪机、割灌机等园林专用机械。如以苏州农业药械厂担架式打药机改装的园林打药机；泰州林业机械厂生产的采伐油锯、间伐割灌机；西北林业机械厂以采伐油锯发动机为动力生产的草坪割草机等。这些机械是农、林机械行业的技术人员在原有产品基础上改装而成的，仅能满足基本的使用功能要求，与城市环境的使用条件要求还有很大差距。

北京亚运村建设项目进口的一批成系列的园林绿化机械吸引了许多农、林机械厂的技术人员和大专院校教师到现场观摩、拍照和测绘。从此以后，一些由进口动力配装的新品牌园林机械迅速成为市场宠儿，如江苏淮阴市驾驶室厂生产的立特牌草坪修剪机、福建建新农业机械厂生产的建新牌割灌机等。应运而生的园林机械协会在引入世界各国户外动力机械的同时，积极推进国内外技术交流，扶持国内新兴企业发展园林机械产品，这让使用者大开眼界，也使许多国内机械产品制造者发现了"新大陆"。

20世纪90年代末期，一些大专院校、科研院所的技术人员开始重视园林绿化机械的功能效用和工作原理，并帮助相关企业改进机械设计和生产工艺技术，试制和检测设备，制定相关生产技术标准，使国内园林机械生产水平快速提升，且开始尝试将其推入国际市场，如江苏南通机床厂在华东理工大学帮助下生产的系列草坪剪草机、山东临沂华盛农业机械制造厂生产的系列喷雾机和割灌机、江苏扬州维邦园林机械公司企业的草坪割草机、草坪打孔机、草坪滚压机、起草皮机、树枝切片粉碎机等产品，在确立了国内市场地位后迅速进军国际市场。国际制造商们也很快感受到了中国低价格产品给他们带来的市场阻力，于是通过和中国的合作迅速调整策略，根据国际发展战略需要成立"4S"服务店形式的装配生产公司来适应市场环境。如美国百利通在上海设立办事处、德国斯蒂尔在江苏太仓建立基地、日本小松在江苏常州建立基地，这些措施立即扭转了品牌产品在价格、供货和服务及时性方面的劣势地位，同时也为他们在中国市场的长期发展奠定了基础，使得产品销量稳步增长。这是一个按图索骥、互动调整的发展阶段。

进入21世纪，园林工具消费不再局限于园林企业而出现在花卉市场和日用品超市。海关统计数据表明，中国园林工具出口保持持续增长的同时，园林工具的进口呈现了更强劲的增长势头；在进口园林机械保持持续增长的同时，园林机械的出口表现出更强劲的增长势头。其中，园林机械主要出口欧美国家，发电机组主要出口东南亚、中东地区。中国家庭园林机械产品消费已经启动，中国园林机械产品生产制造能力正在提高，运营规模正在扩大。

美国"百利通""科勒"、日本"本田""雅马哈""富士"等世界知名小型动力生产制造商都在中国选择了合作伙伴，开始建立生产和配套基地。国内一些动力制造企业也开始将目光投向园林机械，如无锡东南公司已经开发出国产四冲程草坪修剪机专用发动机。

（3）森保机械装备发展历程

①森林防火技术装备发展历程。中国森林防火装备主要于1986年得到重视，1987年以后才发展起来的，特别是1987年5月6日黑龙江省大兴安岭发生特大森林火灾以后，国家和地方政府对森林防火装备给予了高度重视。30余年来，在几代从业人员的努力下，经历了从无到有，从小到大，从单一品种到众多品种，从小型到大中型，从测绘仿制到自主创新，成功地开发了包括2号工具、风力风水灭火机等常规森林消防机具在内的森林火灾预警设备、预防设备、监测设备、扑救设备、通信设备等，已经发展成为一个新兴产业，形成了一个初步的产品结构体系（张文文，2020）。与此同时，科技人员经过引进消化，大型森林消防设备、火场通信装备、航空灭火等先进的森林消防设备与装备的研制工作也随之起步，而且发展较快，配套成线且形成规模。

进入21世纪，随着我国森林资源保护管理力度加大，国家逐步建立起森林火灾预警、监测、指挥、扑救体系，为森林防火机械装备带来了前所未有的发展机遇，加速了森林防火技术装备研发制造能力，也促使森林防火技术装备取得了长足进步。经过国外和跨行业引进消化技术，森林火灾预警、监测、预防、扑救及通信设备的研制工作蓬勃发展，森林防火技术装备随之向机械化、信息化、智能化迈进。国内大型设备制造厂家、科研机构、高等院校先后研发了装甲运兵车、森林火灾多管发射器、脉冲式灭火水炮、航空灭火等多种高新设备，在大型化、自动化、自动监测和控制系统方面有了初步的进展。

②森林病虫害防控技术装备发展历程。中国施药器械的研制最早起步于20世纪30年代，1936年研制成功并开始生产压缩喷雾器和双管喷雾器。20世纪50年代后，随着农业生产的不断发展和农药产业的发展，农林植保、施药装备的研制和生产得到了迅速发展。1952年手动药械的销量达25万台，1965年达160万台，1982年达1000万台。改革开放后，随着社会的快速发展，各种型式的森保器械相继出现，如背负式、担架式、机载式等。期间经历了由仿制到自行设计、由人力手动喷雾器到与小型动力配套的机动防治装备，与汽车、拖

拉机配套的大中型施药装备以及已得到比较广泛应用的农林航空施药技术的过程。

2000年后，航空施药在林业病虫害防治中逐步得到重视，主要以农用航空站、护林防火航空站等已有的航空施药装置进行防治作业。部分民营航空公司进行林业病虫害防治飞防服务。2008年后，我国开始研究小型航空喷雾装备，以单旋翼和多旋翼无人机为主，主要用于农业病虫害防治。2012年后，开始向林业病虫害防治领域推广应用。主要有大疆、极目等公司的自主飞行无人喷雾机，可实现仿地形轨迹规划和自动避障。

（4）林木采运技术装备发展历程

中国采伐作业的机械化，是先从国外进口电锯开始起步的。最早出现在林区的是1951年从德国进口的哈林-100电锯和从苏联进口的瓦可堡电锯，由于这两种电锯是双人操作，质量大、不安全，故没有在伐木作业中采用，只少量用于山场造材。20世纪50年代中期至60年代中期，由仿制开始逐步开展了中国自己的木材采运机械研究、设计和制造。当时，通过引进国外采运机械，成功地仿制了油锯和集材拖拉机，其他主要工序的机械设备，如运材汽车和挂车、森铁机车、车辆、贮木场机械、筑路机械等也得到了较大的发展。自20世纪80年代以来，随着科学技术的迅速发展和装备制造业整体水平的提高，木材生产机械也取得了迅速发展，新技术在各种设备上得到了很好的应用，木材采运机械在结构上、自动化程度上都有了显著提高。21世纪初吸引了北欧跨国林企在广西投资建厂，引进了北欧最先进的采伐设备采伐原料林。在消化吸收基础上，广西人工林种植行业协会组织玉柴重工研制的采伐铲式机械采伐模式（SL），带动当地林业采伐向现代化发展，采伐效率和效果得到广泛认可。

（5）木材加工装备发展历程

中国最早应用木材加工机械是在1865年李鸿章于上海创立的江南制造总局，从国外引进了木工锯机，加工造船用的木板。新中国成立后，木材加工机械水平和木工机床制造业得到了飞速发展，从仿制、测绘发展到独立设计制造木工机床。20世纪50年代，中国生产的木工机械产品，基本上是仿造苏联和日本的产品。

20世纪70年代末至80年代末是中国木工机械制造行业的黄金时代，有相当一部分新建的企业或老企业开始生产木工机械产品，如哈尔滨林业机械厂、平度人造板机械厂、四川东华机械厂、大连红旗机械厂、威海市鲁东机械厂、牡丹江第二轻工机械厂、苏州林业机械厂等。青岛木工机械厂研制出数控齿榫开榫机，开始在木工机械领域应用数控技术。与此同时，国家为了加强木工机械行业标准化与质量管理工作，先后成立了全国人造板机械标准化技术委员会和全国木工机床与刀具标准化技术委员会。林业部、机电部、轻工部也先后在哈尔滨、福州、长春建立了相应的质量监督检验测试机构。为了加强行业内各企业、事业单位的联系，沟通信息，加强行业管理，先后成立了机械部木工机床科技情报网、全国林业机械科技情报网、全国人造板设备和木工机械技术情报中心、中国机床工具工业协会木工机床分会、中国林业机械协会人造板机械专业委员会和木材加工机械专业委员会。

20世纪90年代，中国木工机械制造业进入了一个崭新的历史阶段——数控木工机械在中国快速发展。木工机械制造业已经形成了国有、集体、民营、股份等多种所有制形式。这些历史性的转变，有力地促进了木工机械制造业的发展，顺德市伦教镇在不到十年的时间就诞生和发展了四五十家生产木工机械产品的民营企业。全国各地陆续有近百家民营企业诞生，生产的木工机械产品在生产技术、产量和产品结构上都发生了令人瞩目的变化，为我国木工机械制造业的发展和振兴作出了不可磨灭的贡献。中国木工机械制造业已逐渐向集团化、大型化、区域化方向发展。

国内的生产企业主要有广州弘亚数控机械股份有限公司、南兴装备股份有限公司、佛山市顺德区新马木工机械设备有限公司、东莞华力机械有限公司、青岛永强木工机械有限公司等。到2021年，我国有木工机械企业约1200家，规模以上企业超过200家，从业人员近10万人，工程技术人员6000余人，可提供69品类约1100种木工机械产品。

当前，木工机械行业经过世界各国200多年的不断改进、完善、提高，已发展成为具有120多个系列4000多种产品的门类齐全、年产值超100亿美元的制造行业。我国也早已成为机械制造大国，但要想成为强国，仍需要一批高新技术标准和符合我国技术要求的国际标准作为支撑。据海关统计数据，2021年1~3月，我国木工机械累计出口同比增长56.69%，3月出口增长率38.89%。

（6）人造板及深加工技术装备发展历程

半个多世纪以来，我国人造板机械制造业从无到有，从单一品种到众多品种，从单机到成套，从小型到大中型，从测绘仿制到自主创新，从进口到出口，已经发展成为一个新兴产业。

20 世纪 50 年代，我国开始仿造胶合板的涂胶机和单板干燥机，并进行刨花板的科研实验及生产实验；沈阳重型机器厂自主设计并制造出中国第一台3000 吨多层热压机，安装在沈阳绝缘材料厂，从而结束了中国不能生产人造板设备主机的历史。20 世纪 60 年代以后，通过对引进捷克斯洛伐克、苏联胶合板设备和引进瑞典、波兰的湿法硬质纤维板成套设备的测绘仿制，在消化吸收的基础上，组织联合攻关，设计制造出胶合板、刨花板、纤维板高压装饰层积板等热压机单机和机组。国家逐步开始投资改建或新建了一些人造板机械企业，开始引进和制造成套的人造板生产线。我国人造板机械产品逐渐由单机发展到成套设备。

从 1956 年沈阳重型机器厂生产出第一台热压机开始，中国人造板机械制造业至今已经走过了近 60 年的历程，在几代从业人员的努力下，从无到有，从小到大，成功地开发了刨花板、胶合板、中高密度纤维板生产线的成套设备和定向刨花板、石膏刨花板、水泥刨花板生产线的成套设备以及人造板二次贴面生产线设备，形成了一个完整的工业体系。我国有 13 所高等院校开设了人造板机械方面的课程并从事着相关的科研工作；有 23 个科研院所从事人造板机械的科研、设计工作；有 1 个全国人造板机械标准化技术委员会从事相关标准的制定和修订工作；有 1 个国家木工机械质量监督检验中心负责行业的产品质量监督检验工作；有约 180 家生产人造板机械制造企业分布在全国 25 个省份，能提供39 类 800 多种产品。

以人造板连续压机、热磨机、旋切机为代表的关键技术装备取得积极进展，智能制造和先进工艺在人造板装备产业不断普及，制造企业数字化、网络化、智能化步伐明显加快，关键工艺流程数控化率大大提高，成套装备生产线出口量逐步增加，形成了人造板装备中国制造的新模式。

近年来，以国产设备为主体的胶合板设备已占胶合板总产能的 96%，以国产设备为主体的刨花板生产线已占刨花板总产能的 76%，以国产设备为主体的中/高密度纤维板生产线已占中/高密度纤维板总产能的 80%。以上数据清晰地反映出中国人造板装备制造业对人造板工业发展所作的贡献。同时，部分国际大公司为降低成本，在向我国出口大型成套设备时，已越来越多采用国产重要单机和辅机设备作为配套,一些生产线主机部件也在国内寻求协作生产。经过改革开放40多年的发展,从单纯模仿国外产品逐步过渡到能自主创新的较高水平,一批国产人造板装备逐渐赢得了市场的信任,在国内外建立了品牌和信誉。

智能制造在全球范围内快速发展,已成为制造业重要发展趋势,将给人造板装备产业发展和分工格局带来深刻影响。林业发达国家实施"再工业化"战略,不断推出发展林业智能装备的新举措,通过政府、企业、行业协会等协同推进,积极培育装备制造业未来竞争优势,这些变化与转型将开启一个以大型高端智能人造板装备为主的新时代。

因此,我们必须遵循客观规律,立足国情、着眼长远,加强统筹谋划,积极应对挑战,抓住全球制造业分工调整和我国智能制造快速发展的战略机遇期,培育具有国际竞争力的人造板装备龙头企业,带动相关中小企业发展,形成集群效应,增强装备产业竞争合力,这将是未来我国人造板装备产业努力发展的方向(吴则坤等,2014)。

(7)竹材加工技术装备发展历程

在20世纪70年代以前,中国只能采用手工方式和小型机械对竹材进行简单的初级加工,生产方式非常落后。从80年代初期开始,中国大陆采用热压机生产竹席胶合板,供包装、建筑行业使用。1984年中国大陆首次从海外转口引进台湾锦荣机器厂的卫生筷生产线,分别安装在福建和湖南的两个工厂。与此同时,竹材加工机械的研制工作也随之起步,而且发展较快,配套成线,形成规模。如湖南省吴旦人先生开发了竹地板系列产品,其相应的竹拼地板加工机械设备也随之系列地被开发出来;随后,南京林业大学研究了竹胶合板生产工艺技术,应用于载货汽车车厢底板及建筑模板,并由苏州林业机械厂(现苏福马机械有限公司)等厂家生产出相应的成套加工机械设备;重庆家具研究所开发了竹旋切片贴面板;中南林业科技大学等开发了竹碎料(竹屑)板;湖北省也生产了系列竹制品加工设备等。竹地板加工成套机械设备,竹胶合板加工厂成套机械设备,竹凉席、保健竹凉席、竹筷等产品加工成套机械设备逐步出现。

进入21世纪,随着中国对竹材加工业的逐渐重视和竹产业的扩大,竹产业产值逐年增长,给竹材加工技术装备提供了广阔的舞台。特别是近年来,随着竹产业的迅速发展,竹材加工技术装备研发与制造取得了长足进步。经过国外和跨行业引进消化技术,竹材加工技术装备的研制工作也随之起步,竹材加工业由传统手工作坊逐步转向机械化、工业化生产转变，从初加工向综合利用转变。浙江安吉响铃竹木机械有限公司研发了超高速竹片四面精刨机；浙江德迈竹木机械有限公司开发了竹板坯双面修直机等；西南林学院(现西南林业大学)开发了竹大片刨花板成套加工设备；南京林业大学等开发了新型竹材人造板、竹炭和竹醋液等成套加工设备；国家林业和草原局北京林业机械研究所和镇江中福马机械有限公司联合开发了竹质定向刨花板刨片机。南京林业大学竹材工程中心、中国林业科学研究院竹工机械研发中心等竹材加工技术装备科研机构先后成立，加速了竹材加工技术装备研发制造，一系列竹材采、运、集，造设备应用而生。

2. 草业机械装备业的发展历程

（1）国外草业机械装备的发展历程

国外牧草机械已有 100 多年的发展历史，其中 20 世纪 60 年代一些欧美国家开始用拖拉机作为动力机械替代畜力机械，这个阶段是这些欧美国家的牧草收获机械、新型的割草机和搂草机、各种联合作业机和多用机的高速发展与迅速推广时期。总的来说，国外牧草机械技术已经非常成熟而且种类也很齐全，并且向着全面联合收获、生产效率及自动化程度越来越高的方向发展。不同的发达国家由于国情不同，草畜业机械化发展模式也不尽相同，但都是朝着有利于本国畜牧业的方向发展。比如，美国依靠其强大的农业高科技，大力发展规模化饲养机械和大型自动化饲料加工器械，并以粮食饲料加工为主；英国、荷兰及澳大利亚等国家着重开发微生物青贮加工技术、人工草场建设机械和大规模优质牧草种植、收获机械，发展具有各自特色的草食畜牧业。总的来说，国外发达国家草业及畜牧机械发展的主要方向为多样化、专业化、规模化、精确化、自动化、信息化与环境友好化。

①国外草原管护技术装备发展现状及趋势。草原管护技术装备是用于草原生态系统建植、保育、管理、改良、防治与维护的一系列机械装备的总称。草原管护技术装备包括天然草原改良技术及装备及草原建植复壮技术机装备、草原信息技术及装备、草原防火技术及装备、草原鼠虫害防护技术及装备、草原管理技术及装备等。

20 世纪以前，各国对草地的经营还基本处于自然放牧利用的状态。到 20 世纪初，由于草地超载过牧和开垦破坏，在美洲、欧洲、大洋洲等一些国家都发生了大面积草地退化沙化，以致暴发了连续的黑风暴，普遍出现了冬春风雪灾害或旱季干热灾害、家畜大批缺草死亡的状况。20 世纪以来，随着社会生产力发展和科学技术的进步，一些畜牧业发达国家重视草地开发，把草地资源看作是"绿色黄金""立国之本"，采取了一系列科学管理和建设措施，如制定合理利用草地、防止退化的法律法令；实行草地围栏划区轮牧的放牧制度；开展天然草地改良和人工草地建设；建立国家草地管理、科研和教育机构；加强草地科学研究和科技人才的培养等，使草地利用迈入科学经营的新阶段，草地生产力达到新高度，在农业经济发展和国民食物供给中起了主导性作用。

目前，各畜牧业发达国家，按其草地资源开发和经营的状况可分为两种类型。一种类型是草地面积大，草地经营上实行合理利用天然草地和重点建设人工草地相结合的国家，如美国、俄罗斯、加拿大等。这些国家对天然草地采取了围栏、电围栏、松土补播、免耕补播、大型草场节水喷灌和施肥等措施，实行划区轮牧制度。已建的人工草地面积占到草地总面积的 10%～20%，使得冬春枯草季节有充足的草料储备，草地生产力处于较先进水平。另一种类型是草地面积小，但草地经营上以建立人工草地为主，实行集约化经营的国家，如新西兰、法国、德国、英国、丹麦、荷兰等。这些国家采用现代围栏、种草等技术，将大部分天然草地建设成人工和改良草地，并划出一部分农田种植饲料作物，广泛开展林间放牧。家畜饲养实现了放牧与舍饲结合，加上畜种改良等科学措施，使草地生产力达到高水平。

天然草地改良是草原技术装备研发与制造的重要领域。改良退化草地需要从改善土壤环境和恢复原有植被两个方面展开，国外对退化草地多采取松土、免耕补播等方式进行改良，注重水肥综合利用，所使用的机具以减少土壤扰动、增加土壤透气、透水性以及大型化为主要特点。国外对于因车辆压实或牲畜踩踏等原因造成的土壤紧实的草坪或草场，通常会采用草地打孔、透气机械对草地进行修复；对于退化草场使用牧草补播机械一次性完成划开草皮、切根松土、播种、覆土镇压和施肥喷药等复式作业，如约翰迪尔 1590 型免耕条播机。

为增加畜产品产量、提高载畜量，国外各畜牧业发达国家重点依靠人工种植饲草，改变落后的靠天养畜的游牧方式，走集约化生产经营的方式，在草原保护与管理方面注重机械技术与生物技术相结合，资源节约和循环利用相结合。且国外草地管护技术及装备主要针对人工建植草场。在未来，电子控制、数字液压、人工智能、大数据等先进高新技术将被广泛应用于草地管护技术装备，使草原生态系统监测管理系统更加高效便捷，实现草原生态系统的实时监测；草地改良、预警与保护装备更加可靠；以及草原管护装备实现系列化、成套化、高效化。

②国外草场利用技术装备现状及发展趋势。草场利用技术装备是用于草地饲草种植过程中的播种、管理、收获等的一系列饲草种植工艺与装备，包括草场播种（补播）机械、割草机械、摊晒机械、搂草机械和捡拾压捆机械等。

国外畜牧业发达国家在 20 世纪 60 年代基本上实现了饲草生产过程的全面机械化，新型的割、搂机具和各类联合作业机具及成型机具相继研制成功并迅速推广，饲草机械的保有量也达到了相当高的水平。20 世纪 70 年代以来，部分服役机具趋于饱和，饲草机械产量保持稳定或略有下降。为提高产品竞争力，各饲草机械公司致力于新产品的研发工作，以改善原有产品的工作性能，畜牧业发达国家也相继完成了产品的更新换代工作。进入 20 世纪 90 年代，国外饲草机械开始大量采用电子、液压精确控制、GPS 定位等现代技术，迅速提高了产品的科技含量，饲草机械向大型、高效、复合式作业方向发展。

目前，国外发达国家已经建立了较为全面的草场机械化生产体系，并出现了一些大型跨国公司和著名品牌，如美国的约翰迪尔公司（JohnDeere）、凯斯公司（CASE IH）、福格森公司、纽荷兰公司（NEW HOLLAND），德国的克拉斯公司（CLAAS）、法尔公司（FARE）、威力格尔公司（WELGER），法国的库恩公司（KUHN）和意大利的格力亚尼公司（GALILGNANI）等。其所生产的产品品种齐全、系列完整，能满足不同条件下全面机械化作业的需要，且在机械结构、动力配套、液压系统和控制系统等方面都各有特点。产品系列化生产、作业效率高、自动化程度高，代表了国际领先的技术水平。

a. 播种（补播）机。在国外，大部分的人工种植草场牧草播种机与农用播种机可以相互通用。一些农用播种机只需更换专用的开沟器、排种器就可直接播种牧草种子，这种播种机具有先进的播种技术，播种量和播种深度都比较精确，能够满足牧草种植要求。如美国百利灵 SS 系列保苗播种机、约翰迪尔免耕播种机、美国大平原免耕播种机和凯斯播种机等。

b. 割草机。国外对割草机械的研究起步较早，经历了从使用畜力作为动力到使用拖拉机作为配套动力、从单向作业机具到成套作业机具、从分段牧草收获作业机具到联合牧草收获机具的发展过程。包括了往复式割草机、旋转式割草机、割草调制机等（张丽等，2015）。早期，往复式牧草收割机因其结构简单、工作可靠、适应性强、切割质量较好并可以进行大割幅切割等优势，得到了广泛应用。20世纪70年代，各国开始研制使用旋转式割草机，利用高速旋转的割刀对植株进行无支撑切割，具有作业速度高、维护保养时间少、磨刀和换刀次数少等优点，适用于高产饲草的收获。随着人工种植牧草面积的大量增加，并且大量含氮肥料的使用使高大、茂密牧草趋于倒伏，因此，旋转式割草机的使用得到迅速发展。苜蓿草生产中，为了促进割后牧草的田间快速干燥，缩短后续作业时间，在收割装置后加上各种结构型式的调制部件，产生了带有橡胶压扁辊的割草机，即割草调制机。目前较为成熟的割草机如法国库恩公司生产的GMD3150TL、GMD3550TL、GMD4050TL牵引式割草机，GMD4010、GMD4410旋转式割草机；丹麦格兰Kvemeland的2600系列旋转式割草机；以及约翰迪尔公司生产的630系列割草压扁机等。

c. 搂草机。20世纪初国外发达国家就开始生产畜力横向搂草机。20世纪60年代，欧美各国的牧草机械得到高速发展，期间完成了由畜力搂草作业机具向动力机械配套的更新换代（Kakahy et al.，2012）。作业速度和作业质量均较高的滚筒式搂草机、指盘式搂草机相继研制成功并得到迅速推广。20世纪70年代，欧美各大农机公司为了提高产品竞争力，开始对原有的产品进行改进和优化，出现了采用水平转子的旋转式搂草机，一机多能、作业质量高。20世纪90年代，美国等发达国家将机电和液压等先进技术应用在牧草收获机械的研发中，大大提高了作业效率。国外常用的搂草机有横向搂草机、指盘式搂草机、滚筒式侧向搂草机和水平旋转搂草机，其中水平旋转式搂草机应用较为广泛。目前，欧美各国的搂草机产品种类齐全，搂草技术比较成熟，能满足不同条件下的田间作业需要。比较成熟的生产企业有法国库恩（KUHN），美国西普（SIP）、约翰迪尔、纽荷兰，德国克拉斯，意大利的伊诺罗斯（ENOROSSI）和罗克（ROC）等。

d. 捡拾压捆机。20世纪30年代初，小方捆压捆机问世。50年代，其生产进入高峰，保有量趋于饱和，当时美国拥有捡拾压捆机约70万台，90%以上的牧草采用捡拾压捆工艺（Dogherty A，1995）。60年代中期，圆草捆卷捆机诞生。70年代，迅速发展。80年代，方、圆捆机并行发展。近年来，国外发达国家生产的打捆机种类齐全，功能多样，能够满足多种作业条件下的作业要求，生产的压捆机械包括牵引式和自走式等，主要生产厂家包括美国纽荷兰、约翰迪尔、凯斯，英国福格森，韩国成元，意大利格力亚尼，德国克拉斯、威力格尔和前进等。捡拾压捆机的自动化、智能化、机电液一体化程度也相对较高，具有较高的市场占有率。

（2）我国草业机械装备的发展历程

我国牧草机械的发展起步晚、发展慢。最早从 20 世纪 60 年代开始生产和使用牧草机械，后来通过不断引进、吸收国外先进的技术设备，增加了国内牧草机械的数量和种类，但整体水平较低，比如在 20 世纪 90 年代初，我国圆草打捆机的数量不足美国的 0.1%（罗梅等，2021）。从 20 世纪 90 年代至今，我国牧草机械得到快速发展，逐渐缩小与发达国家之间的差距。

①我国草原管护技术装备发展历程。中国草地处于北纬 20°～51°，分布区域广阔。全国草原面积为 3.928 亿公顷（国家林业和草原局，2021），占国土面积的 40.9%。草地类型分为 18 大类 20 多个亚类 800 多个草地型。

中国对草原的破坏有两个时期：一是以商鞅变法提出"垦草"政策为代表的封建时期，垦草造田长达数千年，导致"丝绸之路"沿线草原开垦后又弃耕，出现沙进人退问题。二是新中国成立后为解决温饱问题，开垦草原和超载过牧，导致草原退化、沙化、盐渍化，到 21 世纪初全国约 90% 的可利用天然草原出现了不同程度的退化，中度和重度退化面积占了近 50%，产草量比 20 世纪 80 年代平均下降 30%～50%，部分草场完全丧失生产能力。

1980—2002 年，我国低起点的工业化快速启动，农业生产以满足口粮需要为目标，处于草原资源支援耕地的农业时期，大量优质草原被开垦为农田，草原面积锐减 2 亿亩，如半荒漠地区和高山草地等一些不宜种植的土地也被盲目开垦，最后成为既不能种植也不宜放牧的弃荒地。而且放牧压力过重，导致草原生态系统遭到破坏。此时，虽然国家投入相比之前有所增长，也有一些草原常规管理，但草原退化到历史低谷，草地、家畜、牧民三者均处于困境之中，草原生态系统趋于崩溃的边缘。

2002—2014 年，我国已经基本完成了工业化进程，国民食物结构发生本质改变，肉制品需求大幅度提高。按食物当量计算，口粮需求与饲料消耗之比为 1∶2.5，即饲料需要量为口粮的 2.5 倍，传统耕地农业的缺陷被暴露，我国粮食有余而饲料和畜产品严重不足，同时由于追求粮食超量高产，大剂量的化肥农药使水土资源严重受损，殃及食物安全。草原生态建设虽然远滞后于社会发展，受传统农耕文化的影响，也走了一些弯路，如草原分包到户、全国性的禁牧等，削弱了草原投入的效果，但国家对草原的投入呈数量级增长，草原由急剧变坏转变为局部改良，整体仍呈退化之势。这一阶段的后期，我国第三产业产值接近第二产业，呈现大国崛起之势，草原牧区也与全国发展水平差距加大，"三农"问题突出。2015年以后，我国进入后工业化时期，我国草业发展进入第三阶段（任继周等，2018）。"三农"问题受到空前关注，极大推动我国草业快速发展，并取得了巨大成就（贺长彬等，2015）。

②我国草场利用技术装备发展历程。早在新中国成立以前，内蒙古、黑龙江、新疆的部分地区，陆续从苏联引进一些割、搂草机等。新中国成立后，国家在内蒙古兴建了全国第一家牧草收获机械专业厂——海拉尔牧业机械厂和第一家国家直属畜牧机械科研机构——农业机械部呼和浩特畜牧机械研究所，带动了全国各大牧区牧草收获机械化的起步和发展。国内其他地区一些畜牧机械生产企业以及科研、教学、试验、培训等机构也逐渐兴起（房骏等，2006）。1945—1965年，我国草业机械化事业处于初步发展阶段，以发展草原牧草收获、剪毛、乳制品初加工和牧业供水及农区牧业的饲料粉碎、铡草等机械化与半机械化为主要内容。近几年来，饲草机械在广大牧区引起了很大的反响，使牧民初步认识到机械化的作用（杨世昆等，2009）。

1966—1980年，开始从单项作业机械化转向注重发展成套作业机械化；注重引进、消化和吸收国外先进技术；相继在引进的基础上研制和开发了10个品种20个机型的牧草收获机械（割草机、搂草机、方捆和圆捆压捆机、压垛机、散草捡拾运输车等），这些新产品全部完成了样机试制，有的实现了小批量生产。

1981—2000年，党的十一届三中全会以后，各级政府落实《中华人民共和国草原法》（以下简称《草原法》）及各项方针政策，牧区推行了"两权一制"的制度，我国畜牧业经济结构发生了历史性的变革。小型机械需求量上升，出现了小型播种机械和小型牧草收获机械等。虽然这些小型机械适合牧区经济状况，但显示出生产效率不高、效益不显著、能力低下和耗能高等缺陷，限制了机械化的正常发展。

2000年以后，我国开始实施西部大开发战略、环境保护战略和农业产业结构调整战略，减免农业税、购机补贴等一系列惠及"三农"政策陆续出台，畜牧业机械化面临新中国成立以来最好的发展机遇（任继周等，2000）。市场对饲草机械的需求已由小型向大中型变化，以中型需求为主，饲草机械化水平有了较快发展。如饲料加工、牧草收获、青贮饲料收获、牧草播种机等在内蒙古、新疆、甘肃、宁夏、青海5省份发展较快。饲草机械化作业项目由过去单纯的牧草收获向人工草场建设、天然草场改良、饲草料基地耕种收、灌溉、饲草料加工等项目发展；由产中向产前、产后延伸，发展空间不断扩大（陈铁英等，2016）。

我国牧草机械化有如下发展趋势：一是由品种单一化发展到品种多样化。二是生产的机械科技质量水平和功能在迅速提升，依靠引进国外先进技术，其性能稳定性也在逐渐提高。三是产品的定位紧紧依靠市场需求而变得明确。四是随着机械化与生物信息技术、电子液压气动及自动化控制技术等的相互融合，各种衍生的新技术开始被广泛运用，提高了草畜业机械化水平。发展比较快、使用比较广的机械主要有以下几种。

a. 割草机。国内割草机于20世纪50年代开始研制，最早开始生产的是马拉式往复割草机（马晓春，2005）。1958年，开始研制生产机引割草机。20世纪60年代初，设计出了第一代旋转式割草机——紫云英收割机。1965年，内蒙古自治区研究出了双动刀高速割草机，接近当时国外同类产品先进水平。20世纪70年代，旋转式割草机在结构上出现单圆盘、双圆盘、4圆盘等多种形式，在高密度草场获得推广（杨宏伟等，2016）。20世纪80年代，已形成一定的生产规模。21世纪以来，随着国家发展现代畜牧业及"粮改饲"等政策措施的实施，我国的割草机械得到了快速发展。

b. 搂草机。1914年，呼伦贝尔地区鄂温克旗牧民购买了1台俄罗斯畜力搂草机。我国最早于1953年开始生产畜力搂草机。20世纪60年代初，内蒙古农牧业机械厂开始生产9L-6.0横向搂草机，后来进行了改进，即现在的9L-6.0A横向搂草机，是我国第一种机电动力搂草机，也是我国天然草原应用最普遍的搂草机。发展到20世纪80年代，我国已经具备横向搂草机、指轮式和斜角滚筒式搂草机等产品的生产能力。

c. 压捆机。我国在20世纪70年代以前一直采用散长草收获工艺，到了

70 年代末期，开始从美国、法国和当时的西德等国家引进捡拾压捆机，在饲草收获中采用捡拾压捆工艺。与此同时开始自行研制我们自己的捡拾压捆机，80 年代初研制成功并在吉林、江苏和内蒙古等地投入生产使用。后来随着农村和牧区承包责任制的开始，由于个人占有的草原面积较小，加之个人的经济能力有限，捡拾压捆的收获工艺逐渐退出使用。近几年，随着市场对高密度草捆和农作物秸秆捆需求量的增加，国内的一些科研院所和高校开始研制高密度的饲草压捆机，并且有一些厂家已经在生产各种形式的压捆机（王光辉，2005）。

（二）林草机械装备产品主要类型

1. 林业机械装备业的产品类型

我国林业机械主要分为营林机械、加工机械、森林保护机械、园林机械和生物质能源转化机械 5 大类。其中，营林机械包括造林机械、木材生产机械和经济林果生产机械 3 小类；加工机械包括木材加工机械、竹材加工机械、人造板生产装备、林业与木工刀具、林产化工机械和林业清洁生产与环保机械 6 小类；森保机械包括森林病虫害防治机械和林火防扑机械两小类。

（1）营林机械

①造林机械。它是指森林培育过程中使用的各类动力机械和作业机械的总称，主要包括拖拉机、内燃机、电动机等动力机械，以及林木种子采集机械、种子处理机械、育苗机械、林地清理机械、整地机械、植树机械、幼林抚育机械、森林抚育采伐机械等。

②木材生产机械。它是指用于采伐树木、打枝造材、集材、木材运输、木材贮存的机械和设备，主要包括采伐机械、集材机械、运材机械和贮木场机械。

③经济林果生产机械。它是指经济林果整个生产环节和过程中所需要的机械或设备的总称。

（2）加工机械

①木材加工机械。它是指从原木锯解到加工成木制品的整个过程中使用的各种机器设备，用于锯木制材、家具制作、木制品加工等行业。

②竹材加工机械。它是指以竹材为基本加工对象的机械或设备的总称，主要包括竹材初加工机械、竹加工机床、竹材人造板设备、竹制品成套设备、竹

纤维及竹化学加工设备、竹纸加工设备、竹材家具加工设备等。

③人造板生产机械。它是指生产纤维板、刨花板和胶合板及其表面装饰加工的机械和成套设备，主要包括削片机、刨片机、再碎机、旋切机、风洗机或水洗机、热磨机、干燥机、施胶施蜡系统、热压机、砂光机以及人造板连续压机、铺装机、热能中心等。

④林业工具与木工刀具。它是指利用其锋利刃口，对林木进行切削加工，形成新表面和获得林木所需要的几何形状、尺寸和表面粗糙度的工具。

⑤林产化工机械。它是指在生产林产化工产品过程中，为生产提供传热、传质、传动和反应场所的总称，主要包括树木提取物和林副产品化学加工装备、木材热解和气化装备、木材制浆造纸装备。

⑥林业清洁生产机械。它是指处理在林产工业各种生产过程中产生的粉尘排放、噪声产生、废气和废水排放等方面的机械装备。

（3）森林保护机械

①森林病虫害防治机械。它是指用于防范和治理林木害虫和病变的技术设施、机械或工具，主要包括担架式喷雾机（喷枪）、车载喷雾机（喷枪）、背负喷粉喷雾机、热烟雾机（脉动燃烧、稳态燃烧）、风送高射程喷雾机、航空喷雾装备、林木注射器、打孔注药机、诱捕器（灯诱捕、引诱剂诱捕、复合诱捕等）杀灯和测报诱捕灯、生物农药喷洒机等。

②林火防扑机械。它是指森林火灾预警、预报、预防、监测、扑救、控制、通信、运输等各种作业中专门使用的机械、装备、机具工具或设施设备的总称，主要包括遥感、卫星定位、机载探火设备、气象预报设施森林火险报警器、J-1型森林火险报警器、袖珍多功能防火电脑、火行为预报计算器、视频林火监测设备、红外探火仪、激光探火仪、余火探测设备、林火定位仪、电视林火监测设备、小型无人飞机火场图像实时传输定位设施、耕翻防火线专用犁、防火圆盘耙、防火开沟机、点火器、风力灭火机、便携式灭火水泵、背负式水枪、车载消防泵组、森林消防作战车、森林消防运兵车等。

（4）园林绿化机械

园林绿化机械是指用于园林绿化及后续养护所涉及的机械与装备，主要包括草坪建植与养护机械、城镇乔灌木栽植与养护机械、花卉栽培设施与装备、园林工程及专业运动场绿地建植与养护机械等。

（5）生物质能转化机械

林木生物质能源转化机械是指将林木生物质转化为能源的机械与装备。主要包括专用直燃锅炉、固体燃料螺旋式挤压成型机等直接转化机械，乙醇、生物柴油制取酶法生产线等生化转化机械，以及木材干馏生产线、上吸式生物质气化炉、循环流化床气化炉、生物质气化炉，机械接触式反应器、间接式反应器和混合式反应器等机械设备。

2. 草原机械装备业产品类型

草原机械主要分为三大类，即牧草种子收获与加工设备、草原保护与建设设备及牧草收获与加工设备等（徐玮，2012）。草业机械设备主要针对草地第一性生产的具体活动，包括草地改良、草地更新、建立人工草地、牧草种子生产、牧草收获及初加工等方面的机械与设备。草业机械和饲草料加工机械拥有量较"十三五"增加50%，2019年机械收获牧草数量已达到6624.71万吨，秸秆捡拾打捆面积为885.636万公顷，机械化青贮秸秆数量为9077.99万吨。机械装备能力有所提高，机械化播种、收获、加工面积和能力均有提高。

从草资源的生产、收获（集）、加工环节来分，现代草业工程机械应包括种植、收获（集）、加工等三大机械系统。我国把牧草种植和草原改良机械作为草原机械进行研究已有约30年的历史，但是至今尚未发展起来。鉴于牧草种植多纳入农业种植之中，所以在我国，草业机械工程基本上可分为牧草收获（集）、青饲料收获、草料加工三大机械工程系统（杨明韶等，2016）。

（1）牧草收获机械工程系统

所谓牧草收获是指将生长分散的牧草切割、收集、调制成干草的田间作业过程。现代典型的牧草收获机械工程系统如图2-6所示。

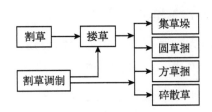

图2-6 牧草收获机械工程系统

（2）青饲料生产机械工程系统

青饲料也属于牧草范畴，指的是青饲料的收割（集）、切碎以及生产青贮饲料生产和收获不是一类的田间生产系统。现代典型青饲料生产机械系统如图 2-7 所示。

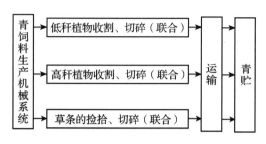

图 2-7　青饲料生产机械系统

（3）草料加工机械工程系统

草料加工机械系统是指可以改善草料性能、提高其质量和产品性能的工程设备。现代对草料的加工方式有物理加工、生物加工和化学加工等，当然还有复合加工。其分类如图 2-8 所示。

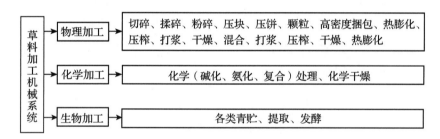

图 2-8　草料加工机械工程系统

（三）林草机械装备生产者特征

1. 林业机械装备业生产者特征

我国林草机械经历从无到有、从小到大，已经建立起集科研、生产、推广、服务为一体的发展体系，形成了一批产业集群地，产生了一批具有行业代表性企业，日益成为我国林草机械产业市场竞争的中坚力量。据不完全统计，全国林草机械制造企业超过 10000 家，其中林业机械规模以上企业约 1100 家，可生产营林机械、加工机械、森林保护机械、园林机械和生物质能源转化机械等 5 大类 13 个子类 2400 多个品种，产品国内市场占有率达 85% 以上，国际市场出口到 150 多个国家和地区。

2020 年针对我国林草机械装备发展现状分别对我国林草机械装备产品生产者、用户、行业专家学者进行专题调研，共收集了 1225 份问卷，其中共调查了 121 家林草机械装备生产企业。调研发现，有 23 家企业注册资本规模在 100 万元以下，35 家企业在 100 万~500 万元，36 家企业在 500 万~1000 万元，27 家企业注册资本在 1000 万元以上，其中 4 家企业注册资本规模达上亿元。人员规模方面，有 11 家企业人员在 10 人以下，有 26 家企业人员在 10~30 人，有 31 家企业在 30~80 人，34 家企业在 80~200 人，有 19 家规模达 200 人以上。企业单位厂房设施面积在 500 平方米以下的有 19 家，500~2000 平方米的有 44 家，2000~10000 平方米的有 42 家，10000 平方米以上的有 16 家。

在调查的 121 家企业里面，有 53 家涉及林业机械装备制造，66 家涉及林业机械装备经销，有 62 家涉及草业机械装备制造，50 家涉及草业机械装备经销，有 54 家企业不局限在林草机械装备制造，还涉及其他机械装备产品生产制造，19 家企业不局限在林草机械装备经销，还涉及其他机械装备产品经销。在这些企业中涉及的林草机械装备种类多样，如木材生产机械、经济林果生产机械、草地改良机具、牧草干燥设备占有比例较大。企业品牌建设方面，72 家是自主品牌，85 家是合作持有品牌，28 家没有品牌。产品技术方面，76 家具有自行开发技术，82 家具有合作研发技术，68 家具有购买引入技术。在这些企业中，99 家是中国林业装备产业技术创新战略联盟单位、中国林业产业联合会会员和中国装备制造业行业协会单位。其中，林业机械装备生产经营状况如图 2-9 所示。

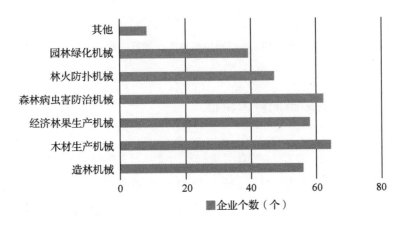

图 2-9　林业机械装备种类生产经营状况

2. 草业机械装备业生产者特征

同大农经济一样，规模化和集约化生产经营需要紧紧依靠现代化机械设备。20世纪80年代中期以来，草业机械化发展缺乏重视，相关研发与推广的资金短缺，致使许多草业机械厂尤其是牧草机械厂开始纷纷转向其他产业，草业机械化工业水平急剧下降，在此之前引进的用来仿制的一些国外先进的机械设备也没有得到继续发展。这些因素共同导致了我国草业机械结构极不合理。例如，除了割草机、搂草机，其余播种、收获贮藏和生产成型机械基本上没有成熟的产品。企业盈利状况，有8家企业全年亏损，113家企业盈利几万到几千万不等，2016—2019年，获得自主品牌专利的有82家，合作专利的有56家，有39家没有获得过专利。几乎全部企业每年都会开展技术、管理、销售等方面的培训。2016—2019年，有69家企业获得过政府补贴。企业的融资渠道主要来自银行贷款，少部分来自民间借贷。其中，草业机械装备生产经营状况如图2-10所示。

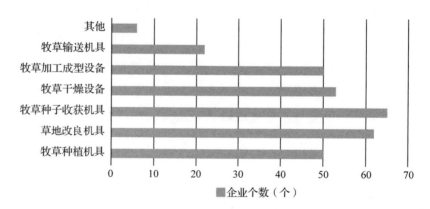

图 2-10 草业机械装备生产经营状况

（四）林草机械装备消费者特征

消费是生产资料的消费。在消费规模很小的阶段消费需求往往以低速扩张，且层次低的生活必需品及低价值、低科技含量的消费品成为主要需求。而面对服务的需求，对高质量、高价值、高科技含量的消费品需求成为次要，用于消费的投资不足，工作环境复杂分散，作业季节性强，用于维护、保养、保管、维修的成本较高。消费主体技术水平不高，操作困难，需要培训，养成用机习惯。我国林草机械装备消费者主体以个人用户、公司、林场、合作社为主，共计667份问卷。其中，在林场的调研问卷有102份。林场在涉及的林业生产活动工序上机械装备使用率在40%~60%的占比为36.27%，其次是机械装备使用率在20%~40%，占比为29.41%；其余机械装备使用率占比在20%以下。取中位数算，在涉及的林业生产活动工序上，国有林场占39%，私营林场占42%，公私合营占50%，生产工序综合机械化率为41.6%。

1. 林业机械装备业消费者特征

不同消费者主体的特征也不一样。对于个人用户而言，男女性别比例差别较大，男性比例远大于女性，这也比较符合林草行业的从业性别比特点。调查显示，受调查用户为个人的结果中整体受教育有待提高，有33.9%的个人用户教育背景为高中，有28.4%的个人用户教育背景为大专，有30.3%的用户教育背景为大学。从事林业或草业生产时间70%以上的个人用户集中在1~10年。在从事的林业生产类型中，主要是造林、育林和护林，在从事的草业生产类型中，主要是播种、植保和收获。用户使用林草机械装备过程中参与技术培训次数少。调研发现，我国林草机械装备使用公司普遍规模不大。从性质上划分，将林场分为国有林场、私营林场和公私合营林场。国有林场主要目的不是为了盈利。林场的人员规模不大，一般在10~80人。国有林场的占地面积较大，私营林场的目的是盈利。调研发现，样本国有林场林草机械装备使用情况如图2-11所示。

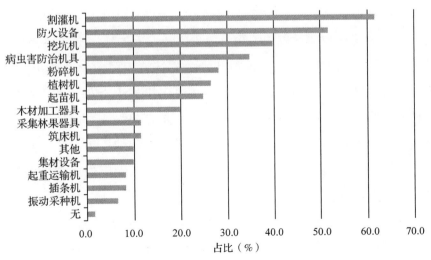

图2-11 样本国有林场林业机械装备使用占比

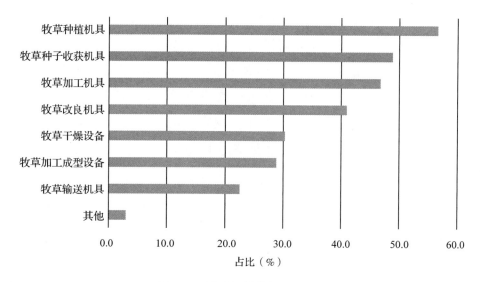

图 2-12　草业机械装备使用占比

2. 草业机械装备业消费者特征

相比林业机械装备，草业机械装备的使用种类较少，如图 2-12 所示：使用较多的是牧草种植机具、牧草种子收获机具和牧草加工机具。

（五）林草机械装备市场流通特征

1. 林业机械装备业市场流通特征

对我国的林业和木材机械市场进行调查，发现林业木材机械市场存在不平衡现象，社会对营林和造林机械的需求逐步增加，人工林抚育机械大幅度增加，也可以看出我国对育林、种林的重视和大力支持；我国的林业防火并不发达，需要进一步加强防火机械的制造；林业的病虫害机械也有很大的市场空间，因为现在林业面临着很多的病虫害危机，需要病虫害机械来进行治理。当前，还有一个现状就是木材加工和人造板机械的数量上升很快。市场上，园林机械的需求量不断增多，且随国家越来越重视城市绿化，低噪声的草坪修剪机等机械需求量也在不断增加。

直接的林业生产经营者，如林业大户、林场、专业合作社等生产经营主体，对机械的使用消费能力不强。102 个林场的调查问卷显示，林机单独购买占比最高，为 54.90%；其次是合伙购买，占比为 46.08%；机械租用和借用的占比不高，只有 7.84% 和 28.43%，说明林机使用的社会化服务水平不高，企业延伸服务供给不足。从购买渠道来讲，政府统一组织购买占比为 47.06%，国产机械占比为 60.00%，有购机补贴的占比为 33.33%。

近年来，我国林木机械产品进出口统计情况如下：2020 年 1～12 月，我国营林机械累计进口 116372624 美元，同比增长 1.33%；出口 968525055 美元，同比增长 16.32%。园林机械累计进口 57685854 美元，同比减少 29.91%；出口 2780792643 美元，同比增加 14.82%。木工机械及刀具配件累计进口 1334116911 美元，同比减少 21.35%；出口 4170982815 美元，同比增长 1.63%。人造板机械累计进口 26230225 美元，同比减少 13.10%；出口 84684499 美元，同比减少 10.48%。人造板设备出口波动主要受项目建设周期等因素影响。2016—2020 年我国园林机械、木工机械、人造板机械出口额统计情况分布如图 2-13 至图 2-15 所示。

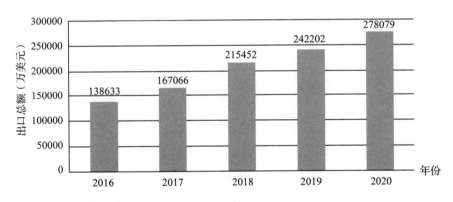

图 2-13　2016—2020 年我国园林机械出口额统计情况

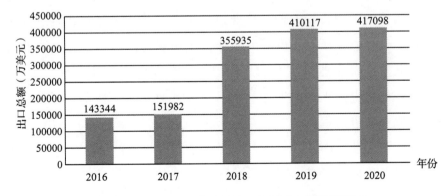

图 2-14　2016—2020 年我国木工机械出口额统计情况

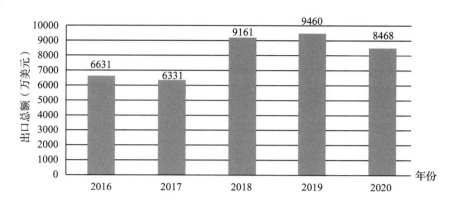

图 2-15　2016—2020 年我国人造板机械出口额统计情况

从数据可以看出，2020 年我国主要林木机械产品出口保持稳定增长，全球市场需求潜力依然较强。2023 年是全面贯彻落实党的二十大精神的开局之年，实施"十四五"规划的关键之年，随着各国疫情逐步得到控制，市场有望调整恢复增高。

2. 草业机械装备业市场流通特征

与草产业机械化发达国家相比，我国牧草机械化总体水平还很低，还处于起步阶段，尤其是收割机械和清选设备落后，普遍存在着技术含量低、品种少、性能差等问题。大部分厂家只能生产割草机、粉碎机等简单机械，胶辊、打结器等关键部件制造技术不过关，刈割压扁机、打捆机等高档机械完全依赖进口，机械售后服务差，配件难买到，且价格昂贵。

在调查的 121 家企业中，其生产的草业机械装备主要销往美国、日本、新西兰、澳大利亚等国外市场，少部分销往西亚、非洲等国家，有 21 家企业产品未销往国外市场。国内市场方面，草业机械装备产品主要销往山西、辽宁、吉林、黑龙江、福建、江西等省份。大部分企业采取自行销售和经销商销售相结合的方式。几乎全部企业都有在阿里巴巴、京东等电商及社交平台进行销售；部分企业有自己的电商平台和网站。售后服务方面，大部分企业可自行提供服务，或委托服务商进行售后。

草产品加工企业一次性投入大，其中一个原因是草产品加工设备基本依赖进口，国外设备价格一般高出国产同类设备 1～3 倍。如设计加工能力 5 万吨以上的企业投资均超过千万元，其加工设备占到总投资的 80% 以上，导致加工设备水平高、生产规模大的企业少。牧草收获采用普通的割草机，收获后由于无法促使牧草的茎叶同时快速干燥，后期的草产品加工无法进行，即使加工成草产品，其品质也无法保障；而能保障牧草品质的割草压扁机基本上需从国外进口，价格比较昂贵。就捆草机而言，圆捆机虽有国产产品，但由于效率和质量等原因，只适合小规模加工户。加工机械需要进口，但适合产业化要求的加工设备几乎都是大中型成套设备，单套价格也在50万元以上，其余小型设备只适合农户的小规模生产，产品档次也比较低。

第三章 ◀◀◀

制度供给现状分析

一、 林草机械装备相关制度规定

林草业的相关法律法规、行政文件、发展规划等，形成了林草装备的制度框架。这些制度规定一方面规范了林草机械装备业的发展；另一方面充分发挥了激励和保障作用，为林草机械装备业的高质量发展提供了保障。

（一）林草机械装备法律制度

法律指的是一个国家用来规范国家各方管理的规范性文件。法律制度是指一个国家或地区的所有法律原则和规则的总称。法规和政策对人类社会的一切活动都有重大的引导和强制性的规范作用，特别是对宏观性的产业发展具有巨大的宏观调控作用。

一切具有法律约束力（区别于道德约束）的规范性文件都要求人们遵守，所以，一般公众心目中的"法律"，是指广义上的法律，不同规定的法律效力不一。①宪法：《中华人民共和国宪法》是全国人民代表大会制定的国家根本大法，具有最高法律效力。②法律：根本大法之下的法律制度，由全国人民代表大会及其常务委员会制定，例如，《中华人民共和国森林法》（以下简称《森林法》)《草原法》等，全国适用且效力仅次于宪法。③行政法规：是指国务院为主体制定的规范性文件，例如，《农业机械安全监督管理条例》等。④地方性法规：是指省、自治区、直辖市、设区的市、自治州的人民代表大会及其常务委员会制定的规范性文件；该类法规比较多，名称带有地方标识，仅适用于制定主体所辖区域，且内容不得与宪法、法律、行政法规、上一级地方性法规相抵触。⑤自治条例和单行条例：民族自治地区人民代表大会制定的规范性文件，效力及适用范围类似于地方性法规。⑥规章：有两类，一是国务院所属各部委、直属机构等制定的部门规章；二是各地方人民政府制定的地方政府规章；部门规章的效力低于宪法、法律和行政法规。⑦国际条约及惯例：一般需要经过国内立法将其转化为国内法后，方可在国内得以适用。

1. 农业机械相关法律制度

《农业机械化促进法》由中华人民共和国第十届全国人民代表大会常务委员会第十次会议于 2004 年 6 月 25 日通过，自 2004 年 11 月 1 日起施行，2018 年 10 月 26 日修正。《农业机械化促进法》主要是为了鼓励、扶持农民和农业生产经营组织使用先进适用的农业机械，促进农业机械化，建设现代农业。法律所称农业机械是指用于农业生产及其产品初加工等相关农事活动的机械、设备。

为了推广农业机械，《农业机械化促进法》中第十六条要求"国家支持向农民和农业生产经营组织推广先进适用的农业机械产品。推广农业机械产品，应当适应当地农业发展的需要，并依照农业技术推广法的规定，在推广地区经过试验证明具有先进性和适用性。农业机械生产者或者销售者，可以委托农业机械试验鉴定机构，对其定型生产或者销售的农业机械产品进行适用性、安全性和可靠性检测，作出技术评价。农业机械试验鉴定机构应当公布具有适用性、安全性和可靠性的农业机械产品的检测结果，为农民和农业生产经营组织选购先进适用的农业机械提供信息"。

为了提高机械化率以及机械的推广，《农业机械化促进法》第十九条要求"国家鼓励和支持农民合作使用农业机械，提高农业机械利用率和作业效率，降低作业成本。国家支持和保护农民在坚持家庭承包经营的基础上，自愿组织区域化、标准化种植，提高农业机械的作业水平。任何单位和个人不得以区域化、标准化种植为借口，侵犯农民的土地承包经营权"。

2020 年 8 月，全国人民代表大会常务委员会执法检查组对《农业机械化促进法》督查表明，当前我国农业机械化发展不平衡、不充分、不协调矛盾依然突出，主要表现为粮食与特色作物之间、农林牧渔各业之间、平原与丘陵山区之间的农机化发展还不平衡；传统农机产能过剩与先进适用农机缺门断档问题并存，高品质、智能化、复合型农机装备有效供给还不充分；作物品种、种养方式和农机化结合不紧密，农田作业条件与农机化生产还不协调等。科技创新能力不强是突出短板，先进适用农机供需仍不匹配，农机作业服务扶持力度仍有待加强，农机购置补贴政策还需进一步完善。

2. 林草机械相关法律制度

林草业与生态环境保护息息相关，同时林草业与国民经济生产、社会进步、可持续发展密切相关。林草机械装备作为林草业高质量发展的重要保障，既是基础产业，又是市场竞争中的弱势产业。

（1）林业相关法律制度

林业相关法律主要为《森林法》，于1984年9月20日第六届全国人民代表大会常务委员会第七次会议通过，根据1998年4月29日第九届全国人民代表大会常务委员会第二次会议《关于修改〈中华人民共和国森林法〉的决定》进行第一次修正，根据2009年8月27日第十一届全国人民代表大会常务委员会第十次会议《关于修改部分法律的决定》进行第二次修正，2019年12月28日第十三届全国人民代表大会常务委员会第十五次会议修订，自2020年7月1日起施行。《森林法》规范各主体行为，践行绿水青山就是金山银山理念，保护、培育和合理利用森林资源，加快国土绿化，保障森林生态安全，建设生态文明，实现人与自然和谐共生具有十分重要的意义。

关于森保机械（森林病虫害防治机械、林火扑防机械），《森林法》第十一条规定"国家采取措施，鼓励和支持林业科学研究，推广先进适用的林业技术，提高林业科学技术水平"。第三十四条规定"地方各级人民政府负责本行政区域的森林防火工作，发挥群防作用；县级以上人民政府组织领导应急管理、林业、公安等部门按照职责分工密切配合做好森林火灾的科学预防、扑救和处置工作，设置防火设施，配备防灭火装备和物资"。《森林法》第三十五条要求"县级以上人民政府林业主管部门负责本行政区域的林业有害生物的监测、检疫和防治。省级以上人民政府林业主管部门负责确定林业植物及其产品的检疫性有害生物，划定疫区和保护区。重大林业有害生物灾害防治实行地方人民政府负责制。发生暴发性、危险性等重大林业有害生物灾害时，当地人民政府应当及时组织除治。林业经营者在政府支持引导下，对其经营管理范围内的林业有害生物进行防治"。《森林法》第四十一条规定"各级人民政府应当加强林业基础设施建设，应用先进适用的科技手段，提高森林防火、林业有害生物防治等森林管护能力"。

针对林业的生产经营，《森林法》第五十一条规定"商品林由林业经营者依法自主经营。在不破坏生态的前提下，可以采取集约化经营措施，合理利用森林、林木、林地，提高商品林经济效益"。为保证不因林业的生产经营导致森林资源破坏，《森林法》第五十二条规定"在林地上修筑下列直接为林业生产经营服务的工程设施，符合国家有关部门规定的标准的，由县级以上人民政府林业主管部门批准，不需要办理建设用地审批手续；超出标准需要占用林地的，应当依法办理建设用地审批手续：①培育、生产种子、苗木的设施；②贮存种子、苗木、木材的设施；③集材道、运材道、防火巡护道、森林步道；④林业科研、科普教育设施；⑤野生动植物保护、护林、林业有害生物防治、森林防火、木材检疫的设施；⑥供水、供电、供热、供气、通信基础设施；⑦其他直接为林业生产服务的工程设施。

（2）草业相关法律制度

草业相关法律制度主要为《草原法》，于1985年6月18日第六届全国人民代表大会常务委员会第十一次会议通过，根据2013年6月29日第十二届全国人民代表大会常务委员会第三次会议《关于修改〈中华人民共和国文物保护法〉等十二部法律的决定》进行第二次修正。

关于草原建设方面，《草原法》第二十八条规定"县级以上人民政府应当支持、鼓励和引导农牧民开展草原围栏、饲草饲料储备、牲畜圈舍、牧民定居点等生产生活设施的建设。县级以上地方人民政府应当支持草原水利设施建设，发展草原节水灌溉，改善人畜饮水条件"。《草原法》第二十九条"县级以上人民政府应当按照草原保护、建设、利用规划加强草种基地建设，鼓励选育、引进、推广优良草品种。新草品种必须经全国草品种审定委员会审定，由国务院草原行政主管部门公告后方可推广。从境外引进草种必须依法进行审批。县级以上人民政府草原行政主管部门应当依法加强对草种生产、加工、检疫、检验的监督管理，保证草种质量"。《草原法》第三十条对草业防火设备有所要求，"县级以上人民政府应当有计划地进行火情监测、防火物资储备、防火隔离带等草原防火设施的建设，确保防火需要"。

（二）林草机械装备相关政策意见

1. 农业机械装备相关政策意见

（1）农业机械装备转型升级相关意见

《国务院关于加快推进农业机械化和农机装备产业转型升级的指导意见》（以下简称《意见》）指出，农业机械化和农机装备是转变农业发展方式、提高农村生产力的重要基础，是实施乡村振兴战略的重要支撑。没有农业机械化，就没有农业农村现代化。近年来，我国农机制造水平稳步提升，农机装备总量持续增长，农机作业水平快速提高，农业生产已从主要依靠人力、畜力转向主要依靠机械动力，进入了机械化为主导的新阶段。但受农机产品需求多样、机具作业环境复杂等因素影响，当前农业机械化和农机装备产业发展不平衡、不充分的问题比较突出，特别是农机科技创新能力不强、部分农机装备有效供给不足、农机农艺结合不够紧密、农机作业基础设施建设滞后等问题亟待解决。

《意见》指出要以习近平新时代中国特色社会主义思想为指导；到2025年要实现农机装备品类基本齐全，重点农机产品和关键零部件实现协同发展，产品质量可靠性达到国际先进水平，产品和技术供给基本满足需要，农机装备产业迈入高质量发展阶段等。《意见》提出：①要加快推动农机装备产业高质量发展，完善农机装备创新体系，推进农机装备全产业链协同发展，优化农机装备产业结构布局，加强农机装备质量可靠性建设；②要着力推进主要农作物生产全程机械化，加快补齐全程机械化生产短板，协同构建高效机械化生产体系；③要大力推广先进适用农机装备与机械化技术，加强绿色高效新机具新技术示范推广，推动智慧农业示范应用，提高农业机械化技术推广能力；④积极发展农机社会化服务，发展农机社会化服务组织，推进农机服务机制创新；⑤持续改善农机作业基础条件，提高农机作业便利程度，改善农机作业配套设施条件；⑥切实加强农机人才培养，健全新型农业工程人才培养体系，注重农机实用型人才培养；⑦强化组织领导，健全组织实施机制，强化地方政府责任，促进政府与市场良性互动。

（2）农业机械安全监督管理相关内容

《中华人民共和国农业机械安全监督管理条例》（以下简称《管理条例》）属于行政法规，2009年9月17日国务院令第563号发布；根据2016年2月6日《国务院关于修改部分行政法规的决定》国务院令第666号修订；依据2019年3月2日《国务院关于修改部分行政法规的决定》（国务院令第709号）再次修订。《管理条例》是为了加强农业机械安全监督管理，预防和减少农业机械事故，保障人民生命和财产安全而制定的法规。林业的部分机械被纳入农业机械范围内。

《管理条例》第二条规定"在中华人民共和国境内从事农业机械的生产、销售、维修、使用操作以及安全监督管理等活动，应当遵守本条例。本条例所称农业机械，是指用于农业生产及其产品初加工等相关农事活动的机械、设备"。

为确保机械的推广及使用安全，《管理条例》第六条中提出"国家鼓励和支持开发、生产、推广、应用先进适用、安全可靠、节能环保的农业机械，建立健全农业机械安全技术标准和安全操作规程"。第七条要求"国家鼓励农业机械操作人员、维修技术人员参加职业技能培训和依法成立安全互助组织，提高农业机械安全操作水平"。关于机械使用后的淘汰报废，第八条规定"国家建立落后农业机械淘汰制度和危及人身财产安全的农业机械报废制度，并对淘汰和报废的农业机械依法实行回收"。

2. 林草机械装备相关政策意见

2019年，国家林业和草原局出台了《关于促进林草产业高质量发展的指导意见》，在重点工作方面涉及对林草机械装备业的要求：促进产品加工业升级。优化原料基地和林草产品加工业布局，促进上下游衔接配套。支持农户和农民合作社改善林草产品储藏、保鲜、烘干、分级、包装条件，提升初加工水平。加大生物、工程、环保、信息等技术集成应用力度，加强节能环保和清洁生产，促进加工网络化、智能化、精细化。支持营养功能成分提取技术研究和开发，培育发展森林食品。开发林业生物质能源、生物质材料和生物质产品，挖掘林产工业潜力。鼓励龙头企业牵头组建集种养加服于一体、产学研用相结合的各类林草产业联盟。强化科技支撑。加强用材林、经济林、林下经济、竹藤、花卉、特种养殖、牧草良种培育等关键技术研究，推广先进适用技术。集成创新木质、非木质资源高效利用技术和草原资源高效利用技术。推动林区网络和信息基础设施基本全覆盖，加快促进智慧林业发展。推进国家级林草业先进装备生产基地建设，提升先进装备研发和制造能力。开展林业和草原科技特派员科技创业行动，鼓励企业与科研院所合作，培养科技领军人才、青年科技人才和高水平创新团队。

2020 年，国家发展和改革委员会、国家林业和草原局等十部委出台了《关于科学利用林地资源 促进木本粮油和林下经济高质量发展的意见》（以下简称《意见》）。《意见》第十二条提出了以降低木本粮油和和林下经济生产成本、突破地形地貌制约的目标。基于目标，提出了围绕"轻便上山"装备、植保采摘等终点环节装备以及全程机械化装备体系、智能化装备和作业体系等关键技术开展联合攻关，尽快在实用林机研发方面取得突破等任务。为了保证林业机械的发展，《意见》中提出了建议性措施。加强良机、良地、良艺配合，在适宜地区开展"以地适机"试点，加快选育、推广适应机械化作业的优良品种和栽培方式。建立包括科研院所、大学、创新型企业、规模化基地在内的林机产业创新联盟，打造完整的技术创新和市场化推广链条。《意见》还指出，中央财政资金继续支持木本油料营造、改造、林木良种培育和油料产业发展等，将符合条件的种植养殖、采集和初加工常用机械列入农机购置补贴范围；将符合条件的木本粮油和林下经济良种培育、优质丰产栽培、林机装备、循环利用、储藏加工、质量检测等方面的关键技术研发纳入国家科技计划，支持全产业链科技创新。

（三）林草机械装备发展规划

规划、总体规划等属于政策或行业文件。为了科学指导和引导林草机械装备发展，提升我国林草生产机械化水平，国家、部委和地方分别制定了相应的林草机械装备发展规划方案。林草机械装备发展是提升林草发展质量，带动地方经济的有力武器，做好林草机械化规划是全面提升林草机械发展的重要保证。

1.《中华人民共和国国民经济和社会发展第十四个五年规划和2035年远景目标纲要》

（1）制造强国战略

依托行业龙头企业，加大重要产品和关键核心技术攻关力度，加快工程化产业化突破。实施领航企业培育工程，培育一批具有生态主导力和核心竞争力的龙头企业。推动中小企业提升专业化优势，培育专精特新"小巨人"企业和制造业单项冠军企业。加强技术经济安全评估，实施产业竞争力调查和评价工程。深入实施智能制造和绿色制造工程，发展服务型制造新模式，推动制造业高端化、智能化、绿色化。

（2）提高农业质量效益和竞争力

持续强化农业基础地位，深化农业供给侧结构性改革，强化质量导向，推动乡村产业振兴。增强农业综合生产能力。加强大中型、智能化、复合型农业机械研发应用，农作物耕种收综合机械化率提高到75%。在农业机械装备中提到发展果蔬采收机、丘陵山区农业生产高效专用农机。研发造林种草等机械装备。

2. 农业机械装备相关规划内容

2021年4月6日发布的《农机工业"十四五"发展规划（2021—2025年）》（以下简称《农机工业规划》）中有涉及林草业的一些内容。《农机工业规划》重点关注农机全行业继续深入推进供给侧结构性改革，加快产业结构调整步伐。一是要增强推进传统产业转型升级的自觉性，以智能制造为主攻方向加大技术改造力度，加快改造和提升传统产业。运用市场手段积极化解过剩产能，努力使传统产业发展更好地适应市场变化。二是继续培育和发展战略性新兴产业，着力集聚创新资源和要素，顺应产业融合趋势，打造农机工业新优势。三是积极创新商业模式，大力推进农机工业由生产型制造向服务型制造转变。

《农机工业规划》指出，我国农业生产已从主要依靠人力、畜力转向主要依靠机械动力，进入了机械化为主导的新时期。"十四五"时期，"三农"工作进入全面推进乡村振兴、加快农业农村现代化的新阶段，对农业机械化提出了新的更为迫切的要求，也为农业机械化带来了新的发展机遇。要深入推进农业机械化供给侧结构性改革，着力补短板、强弱项、促协调，大力推动机械化与农艺制度、智能信息技术、农业经营方式、农田建设相融合相适应，引领推动农机装备创新发展，做大做强农业机械化产业群产业链，加快推进农业机械化向全程全面高质量高效发展。

《农机工业规划》强调，要坚持围绕中心、服务大局，坚持政策扶持、市场主导，坚持创新驱动、协调发展，坚持系统谋划、协同推进，强化支持发展政策举措，着力提升粮食作物生产全程机械化水平、大力发展经济作物生产机械化、加快发展畜禽水产养殖机械化、积极推进农产品初加工机械化、加快补齐丘陵山区农业机械化短板、加快推动农业机械化智能化绿色化、做大做强农业机械化产业群产业链、切实加强农机安全管理。

3. 林草机械装备相关规划内容

（1）《"十四五"林业草原保护发展规划纲要》

《"十四五"林业草原保护发展规划纲要》由国家林业和草原局和国家发展改革委于2021年7月联合颁布实施，提出做优做强林草产业，提升林草装备水平，推动林草机械化技术研发、提升林草机械化装备水平、开展林草生产机械化试点示范的战略目标。

（2）《全国林业机械发展规划（2011—2020年）》

2013年1月，国家林业局印发《全国林业机械发展规划（2011—2020年）》（以下简称《林业机械规划》）。该规划指出，我国林业机械发展要从国情、林情和生产实际出发，以加快转变发展方式为主线，围绕林业中心工作，完成林业机械创新体系、产业示范、基础研究和国际合作四项重点任务，为推进现代林业科学发展提供强有力的物质装备支撑和技术保障。

针对林业机械的发展，《林业机械规划》明确了我国林业机械发展的指导思想、基本原则和规划目标，确定了全国林业机械发展的四项重点任务：一是构建林业机械技术创新和制造体系。除搭建技术研发创新平台外，还要重构产业发展创新格局，并积极建设国家研发和产业基地。二是加强林业机械产业示范推广。通过推进林业机械高新技术集成与示范区建设，推动各类林业技术应用和林业机械的有效结合，在加快科技成果转化的基础上，实现产学研联合共赢，提升林业机械科技含量和林业科技素质，提高林业效益和竞争力。三是开展林业机械基础研究。为保障林业机械创新产品的稳步发展，要重点针对林业机械分类的行业标准、林业机械行业发展现状调查、促进林业机械发展的相关政策三方面进行研究。四是强化林业机械国际合作交流。通过引进国外装备一流技术、吸收消化国际先进技术和开拓国际市场等举措，加强林机行业国际交流合作。为确保林业机械各项任务的顺利完成，《林业机械规划》提出了建立林业机械多元投入体系、优化林业机械发展产业政策、加强行业人才培养和学科建设、强化林业机械行业组织管理四项政策措施。《林业机械规划》还提出，到2020年，我国逐渐步入林业机械制造业强国之列、林业机械制造业年总产值达2250亿元、全行业年出口贸易额达150亿美元以上、国产装备国内市场占有率稳定在90%以上的发展目标。

(3)《"十四五"全国林业和草原机械化发展规划(修订草案)》

2020年12月,国家林业和草原局北京林业机械研究所起草了《"十四五"全国林业和草原机械化发展规划(修订草案)》(以下简称《草案》),对目前林草机械化的发展成就和形势做了分析,对目前林业机械的主要任务做了总结,并为任务的顺利实施提出了保障措施。

《草案》对目前林草机械行业的形式分析指出:①林草机械化产业逐步完善,从长远来看,林草机械制造业整体发展呈现产品由低中端向中高端水平发展,装备水平由人工、半机械化、自动化向机械化、自动化、智能化递阶式发展,生产能力由低中产能向中高产能发展。②林草机械化科技创新多点突破,"十三五"期间的林草机械科技初现成效,部分成果会在"十四五"期间得到示范推广,在核心技术上会有更多突破和进取。③林草机械保证能力日益增强,林草机械发展离不开政策保障和扶持,各级政府都应将林业草原机械化作为实现林草现代化的重要抓手,规划区域重大专项,制定相关政策,布局科技创新和转化平台。④林草机械化发展前景广阔,我国林草机械化发展处于大有作为的重要战略机遇期,必须紧紧围绕全面建成小康社会,推进生态文明和建设美丽中国目标要求,突破现有林草机械化发展中"卡脖子"的技术问题,繁荣林草机械产业市场,向全程、全面发展提档,向高质、高效转型升级。

《草案》指出目前林业机械行业的主要任务:

①加快攻克林草机械化关键技术瓶颈。坚持创新驱动,以支撑林草机械化供给侧结构性改革为主要目标,加快解决困难立地造林的林业专用底盘、高效木竹采伐运输机械、林草专用机器人、智能化林机、草原生态恢复机械等关键技术的研发,加大丘陵山地林果采收机械、人造板机械、草原机械等关键领域科技攻关和成果转化,提升林草机械信息收集、智能决策和精准作业能力。

②继续推进林草主要作业环节全面机械化。通过林草作业机械化来改变林草作业生产方式,探索作业全程智能化,在全国建成一批主要林草生产全程机械化示范点,推进有条件的地区率先实现全程机械化。

③稳步协调区域化林草机械发展。坚持问题导向,着力解决各产业各区域间林草机械化发展不平衡,以及机械增长与效率效益不协调问题。

④着力促进林草机械产业升级。通过建立林草机械科技创新高地等措施,

以木工机械、人造板机械、园林机械、木竹采伐机械等产业升级为重点，全面提升林草机械技术水平，结合"一带一路"国家战略，促使优质产能向外转移，带动沿线国家林草产业发展。

⑤重点提高林草机械绿色节能水平。加快推进天然草原机械化生态保护、治理、恢复和利用工程，启动草原机械化生态修复工程，保护天然草资源，加大种质资源提升力度，启动草原机械化种质提升工程，扩大优良草种繁育体系建设力度，推进高标准、高质量草原建设。

⑥全面提升林草机械智能化水平。充分利用云计算、物联网、移动互联网、大数据等新一代信息技术与林草机械深度融合、创新发展，通过感知化、网络化、智能化的手段，打造林草建设和创新新模式，提供精准信息服务和智慧化林草机械解决方案。

⑦加强林草机械标准化体系建设。加强林草机械化标准体系建设，制定和完善林草机械产品质量和作业质量等标准。

⑧健全林草机械化安全生产体系。落实《中共中央 国务院关于推进安全生产领域改革发展的意见》，林草机械生产作业需要落实安全生产责任，健全安全生产体系。

⑨强化林草机械质量体系建设。完善林草机械检验检测认证体系，在全国重点区域设立林草机械质检中心，提升林草机械试验测试和林草鉴定公益性服务能力。

⑩培育林草机械社会化服务体系。加强林草机械行业产学研用的系统整合，加快培育社会化服务组织，大力推进林草机械社会化服务，提高行业集团的作战能力，提高林草机械专业化、社会化、组织化程度。

为了保证任务的具体实施，《草案》提出了保障措施：

①加强组织领导，各级林草部门加强组织领导，高度重视林草机械化发展，积极争取建立党政主要负责人牵头的林草机械化建设领导机制，将全面推进林草机械化发展列入重要议事日程。

②强化扶持政策，出台国家层面的林草机械发展指导意见，多措并举，推进林草机械化发展。

③培育产业增长极，快转变政府职能，持续推进"放管服"改革，强化竞争政策基础性地位，依法保护企业合法权益。培育一批具有生态主导力的领航企

业，推动产业链和创新链深度融合，发挥产业集群效应，推动形成产业链上中下游、大中小企业融通创新的林草机械产业增长极。

④扩大国际合作，实施林草机械引进来和走出去战略，高效利用国际、国内两个市场、两种资源。

⑤培养人才队伍。创新引入人才渠道，把引进人才和引进项目、引进技术、引进设备相结合。

(4)《林草装备技术创新重点项目"十四五"规划(草案)》

2020年12月，国家林业和草原局北京林业机械研究所起草了《林草装备技术创新重点项目"十四五"规划(草案)》(以下简称《林草装备规划》)，指出了林草备技术的整体目标和重点任务，并明确了林草装备需要突破的核心技术。

《林草装备规划》将林草装备技术的整体目标分为了研发目标和创新成果，并展示了实现的技术路径。首先，围绕林草现代化建设总体要求，以林草机械关键技术点为重要支撑点，通过林草机械智能化发展，全力加速推进林草迈向现代化建设进度。由科技支撑向科技引领过渡，聚焦林草机械化进程中的问题，实施林机普及、技术升级、多机协同、产业示范四大行动，构建林草机械化作业、林草自动化作业、林草信息化、林草智能化作业四大体系，突破因装备问题而制约林草绿色高质量发展的重大科学问题和关键共性核心技术瓶颈。重点开展薄弱环节的机械化技术创新和装备研发，攻克制约林草机械化"上山入林"高质高效发展"卡脖子"的关键共性技术问题。其中，林草机械化体系引导林草机械从无到有的过程，林草自动化体系引导林草机械从弱到好的过程，林草自动化、林草智能化体系引导林草设备从好到强的过程。力争为"十四五"期间实现林草综合机械化率达到60%提供科技支撑。在创新成果方面，以满足林草现代化建设对机械的总体需求为目标，通过机械化增强林业草原建设进度，突破因机械问题而制约林草绿色高质量发展的重大科学问题和关键技术瓶颈，推动林草生产经营模式转变，为林草高质量发展和现代化建设提供机械技术支撑。

《林草装备规划》针对林草机械化进程中的重大需求，以科技支撑带动行业引领，专项布置重点研究任务31项，以面向林草作业机械化中急需攻克的从无到有、效率低下等部署支撑项目22个，以面向林草作业现代化急需储备的最新前沿技术部署引领项目9个。林草机械化专项的实施加快林草作业机械化从无到有、提升机械化效率，再到全程机械化、自动化，甚至是智能化建设阶梯化的进程。

《林草装备规划》针对林草机械化进程中的重难点，指出了需要突破的核心技术：①困难立地林草通用底盘技术；②面向全程或半全程作业的林草机械化作业工艺；③林草机器人技术；④林草智能感知技术；⑤智能化人造板连续压板技术；⑥油茶精准高效采摘采收技术；⑦草原鼠害绿色防治技术；⑧木竹加工智能制造技术；⑨互联网+人工智能技术；⑩竹材采伐集材及备料连续化加工技术。

我国对于林草机械装备的法律、政策意见等相关制度亟待完善。目前，国家的有关制度内容还没有把林草机械装备当作一个产业来对待，缺乏对林草机械装备业的整体规划、布局，还没有把林草机械装备放在林草现代化发展的应有位置，还没有建立起完善的林草机械装备发展的投入政策、补贴补偿政策和优惠政策等。

二、 林草机械装备的相关体制机构

体制是由一定的机制和制度维系的国家和社会的组织机构（卢代富等，2009），是政治、经济和文化等社会生活各领域的一种基本的整体关系框架，其最直接的表现是领域或组织间确立的基本关系架构设计（李松林，2019）。由于农林业特殊相关性及机构改革职能变化等因素，一些林草机械装备的体制机构与农业机械装备的体制机构曾存在包含交叉、可借鉴等关系，因此，所涉及的相关体制机构内容将从相关的农业机械装备机构、林草机械装备机构展开描述。

（一）农业机械装备相关体制

1. 国家层面相关部门

农业机械装备设有专职管理机构。全国基本构成了国家、省、市、县、乡五级政府机构共同组织和引导农业机械化发展。在地方层面，各级地方政府都设有农机管理部门。

2018年国家机构改革，明确农业农村部负责种植业、畜牧业、渔业、农垦、农业机械化等农业各产业的监督管理。农业农村部设立农业机械化管理司专门负责管理农业机械，主要负责起草农业机械化发展政策和规划、农机作业规范和技术标准，指导农业机械化技术推广应用，组织农机安全监理，组织对在用的特定种类农业机械产品进行调查，指导农机作业安全。农业机械化管理司下设4个处：综合处、政策规划处、科技推广处和监督管理处。

此外，农业农村部还设有农业机械化总站（以下简称农机化总站），它是在农业农村部农业机械试验鉴定总站、农业农村部农业机械化技术开发推广总站合署办公的基础上整合组建而来的。农机化总站为公益一类事业单位，主要职责是开展农业机械化和设施农业有关法律、法规、规章、规划、计划和政策研究，并参与组织实施；承担农业机械试验鉴定实施管理工作，组织实施国家支持推广的农机推广鉴定，组织重大农业机械化、设施农业技术推广，提出农机装备及技术需求建议，指导全国农机试验鉴定和技术推广体系建设；承担农机安全监理相关工作，开展农机事故统计分析，参与指导农机监理体系建设及重大特大事故的调查处理；负责农业机械化技术标准、业务规程和农机作业规范、试验鉴定大纲的研究起草等工作；承担在用农机质量投诉处理、质量调查工作，参与指导农机产品质量认证工作；参与指导农业机械化供应链产业链建设、农机社会化服务体系建设、农业机械化重大生产活动，开展农机作业服务市场监测，承担农机抗灾救灾相关工作；承担全国农业机械化管理服务信息化平台建设与运行维护，承担农业机械化统计汇总、发展形势分析、舆情监测工作；承担农机实用人才培训、拖拉机驾驶培训管理相关工作；承担农业机械化国际交流与合作工作，负责经济合作与发展组织（Organization for Economic Cooperation and Development，OECD）农林拖拉机官方试验标准规则、亚太农机检测网（Asian and Pacific Network for Testing of Agriculture Machinery，ANTAM）等国际组织相关项目实施工作；承担农业农村部交办的其他工作。

2. 地方层面相关部门

在地方层面，各地方农业机械装备管理部门均由农业农村系统负责，具体内设机构名称略有不同，到市级以下均有职能明确清晰的农业机械装备管理机构。各省级政府均设立专门机构负责农业机械装备管理，通常为农业农村厅内设农业机械化管理处或农业机械化管理局，并配备农业机械推广总站和农业机械技术中心等单位；市县农业农村局均设立负责农业机械装备管理的职能机构，如农业机械化管理科等；乡镇一级农业机械则通常由农业服务中心等机构负责管理。

省级农业机械装备主管部门为各省的农业农村厅，通常设农业机械化管理处负责农业机械装备的职能机关处室，职能为起草农业机械化发展政策和规划，组织实施农机作业规范和技术标准；指导农业机械化技术推广应用，组织农机安全监理；组织对在用的特定种类农业机械产品进行调查；指导农机作业安全等；此外，还设有省农业机械推广总站，职责是承担农机新技术的引进、试验、推广，以及农业机械试验技术鉴定、技术储备等事务性工作；参与制定有关农机技术标准与规范等事务性工作；设有省农业机械技术中心，职责为承担农业机械安全监理涉及的安全技术检验工作，承担农机事故的调查处理、统计报告以及安全生产形势分析、"平安农机"示范创建活动等事务性、辅助性工作；负责农机安全生产法律法规和安全知识宣传教育事务性工作。或设有农业机械化管理局，起草农业机械化政策、规划、计划并组织实施；提出农业生产机械装备的技术要求和发展要求，引导农民使用新型农机产品；拟定省支持推广的农机产品目录、农机作业规范和技术标准；依法组织实施农业机械安全监理和试验鉴定等有关工作及对在用的特定种类农业机械产品进行调查；指导农机作业和维修管理；指导农机安全生产工作。

市级农业机械装备主管部门为各市的农业农村局，通常内设农业机械化管理科等部门为主管机构，负责起草农业机械化发展政策和规划，组织实施农机作业规范和技术标准；指导农业机械化技术推广应用，组织农机安全监理；组织对在用的特定种类农业机械产品进行调查；指导农机作业安全。

县级农业机械装备主管部门为各县的农业农村局，通常设置农机化管理股、农机中心、农机站等部门负责农业机械装备管理。

乡镇级农业机械装备主管部门为通常为各乡镇的农业农村办公室或农业服务中心等(图3-1)。

3. 研究与服务相关机构

农业机械装备还设有专业研究机构与服务机构，包括农业农村部南京农业机械化研究所、中国农业机械化科学研究院集团有限公司及中国农机产品质量认证中心。

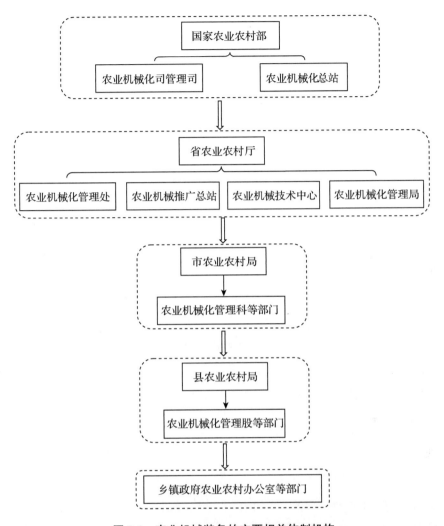

图 3-1 农业机械装备的主要相关体制机构

农业农村部南京农业机械化研究所，专门从事农业机械化研究工作。其前身是 1934 年中央农业实验所时期成立的病虫机械实验室，1957 年独立建制，是中国农业科学院九大学科群中农业工程学科群的主要依托单位之一，是农业工程科研领域国家级研究所。建所前后发明的具有世界里程碑意义的水稻插秧机、机动喷雾机代表了当时我国农业机械研制的先进水平。经过 90 年的建设，该研究所现占地 382 亩，在职职工 260 人，其中研究员 30 余人、副研究员 65 人。设有穗粒类收获机械、种植机械、茎秆类收获机械、生物质转化利用装备、绿色耕作与土下果实收获机械化、主要粮经作物初加工装备、植保机械、农业机械化技术系统优化与评价、主要作物智能农机装备与技术、果蔬茶类收获机械、特色农产品干制与加工装备11个科研创新团队。农业农村部现代农业装备重点实验室、农业农村部南方种子加工工程技术中心、国家植保机械质量监督检验中心、机械工业耕作机械产品质量检测中心等挂靠研究所建设。编辑出版《中国农机化学报》《农业装备与开发》《智能化农业装备学报》《中国农机化年鉴》。建所以来，共获得各类科研成果1300多项，各类科技奖励160多项，其中国家、部、省级奖励120多项，授权国家发明专利千余项。研究所与世界诸多国家和地区科研机构、大学有技术交流，在农业工程技术领域享有较高声誉。

中国农业机械化科学研究院集团有限公司（以下简称中国农机院）成立于1956年，是我国农业机械领域成立最早、规模最大、专业门类最全的唯一国家级科研机构。中国农机院，隶属于世界500强中国机械工业集团有限公司，在岗员工5400余人，拥有6家全资子公司、13家控股子公司和4家直属单位。业务领域涵盖农牧业装备、特种装备、汽车配套、农产品与食品工程、冷链与环境工程、勘察设计与施工、信息技术与精准农业、标准与检测、出版传媒等领域。60多年来，中国农机院始终秉承推动中国农业机械技术进步及产业升级的历史使命，建立了较为完善的科学研究与成果转化体系，建有1个国家重点实验室、2个国家工程实验室、2个国家级工程技术中心和3个国家级质量监督检验中心，是农业装备产业技术创新战略联盟、国家饲草料生产科技创新联盟等国家级创新战略联盟的理事长单位和国家重点研发计划与重大战略起草的依托单位，是国家首批创新型企业。作为国务院首批博士、硕士学位授予单位，累计培养硕士、博士300余名，是我国农业机械及相关领域不可或缺的高端人才培养机构。21世纪以来，中国农机院坚持科研与产业并进的发展格局，以农业机械及相关技术为基础，逐步发展成为拥有6家全资子公司、12家控股子公司的大型高新技术企业。业务涵盖高端装备、农业工程、创新与服务三大板块，成为我国农业机械行业战略策源中心、技术创新中心、数字赋能中心、产品辐射中心和国际交流中心。如今，中国农机院正秉承"播种绿色、收获健康"的发展愿景，以"价值农机院"为引领，坚持"科技立院、人才兴院、引领产业、服务农业"，立志通过深化体制机制改革，加快创新驱动发展等方式，将中国农机院打造成为集高新技术研发、高端装备制造、工程项目承包于一体的，具有国际竞争力的现代化综合型高科技企业。

农业机械装备设有第三方认证服务机构。1998 年，由农业部牵头组建了中国农机产品质量认证中心(北京东方凯姆质量认证中心)，对农机企业及产品实施认证管理，为具有独立法人地位的第三方认证机构。主要负责承担农业机械强制性认证工作，如拖拉机、旋耕机、收割机、农用运输车、植保机械、畜牧机械等多类农机产品认证、合格认证、质量管理体系认证以及 ISO9000 质量管理体系认证。

2017 年农业机械科技人员达 4.9 万人，农业乡村机械从业人员 5128 万人。全国共培育各类农机作业服务组织 19.2 万个，其中专业合作社 7.44 万个，服务面积 7.94 亿亩。

（二）林草机械装备相关体制

1. 国家层面相关部门

林草机械装备没有设立专职管理机构。国家、省、市、县、乡镇五级政府无明确的林草机械装备专职主管部门机构，通常由涉及相关业务的部门进行工作安排。国家林业和草原局通常由科学技术司等部门进行业务处理，地方由各级林业和草原局进行业务处理，但各部门机构并无明晰林草机械装备的相关职责。

原来其他涉及草业机械装备业管理的职能部门还包括农业农村部下属的农业机械化管理司和科技教育司。但机构改革后，草业职能移交国家林业和草原局，也没有明确的草原机械化管理机构。

2. 地方层面相关部门

林草机械装备业省级层面的主管部门主要是各省份林业和草原局，但目前并未明晰具体职能部门。通常情况下，各省份林业和草原局主要负责制定林业机械的发展规划，并组织协调相关科研、成果转化及推广和标准化管理等工作的开展，具体由涉及相关业务的职能部门机构开展工作(专栏 3-1)。其他主要涉及机构如下：第一，林业和草原局科技处，负责组织开展林业和草原的科学研究、成果转化、技术推广；组织实施林业和草原重大科研攻关项目；管理林业和草原标准化工作，组织拟订和实施相关地方标准；承担林产品质量检验、监测和有关知识产权保护相关工作；监督管理林业和草原生物种质资源、林业转基因生物安全；组织、协调林业先进技术及智力引进工作。第二，林业科技推广总站，负责推广林业先进技术，参与制定林业技术推广计划、规划和组织实施；参与林业推广项目的监督管理与指导；提供林业技术培训、宣传与服务。第三，各省林业科学研究院，负责承担林业科学基础研究、应用研究、技术开发等工作。

专栏 3-1

2019 年 1 月 18 日，湖南省林业局与湖南省农业机械管理局召开推进油茶、竹木生产机械化座谈会，研究制定油茶、竹产业机械化技术路线。除两部门相关负责人外，另有湖南农业大学、中南林业科技大学、湖南林业科学院、湖南省油茶协会的专家学者参加。其中，湖南省林业局为产业主管部门，林业局产业管理办公室与油茶管理办公室负责制定湖南竹产业、油茶产业的发展规划，湖南省农业机械管理局为辅助部门，湖南省农业机械鉴定站负责拟定机械化技术路线；其余与会专家学者等就相关产业机械化重要性与实施机械化的技术路线提供建议。

草业机械装备所涉及的业务部门还包括省农业厅下属的省农（牧）业机械化管理处、省农（牧）业机械推广总站和省农（牧）业机械安全监理总站。其中，省农（牧）业机械化管理处、省农（牧）业机械推广总站和省农（牧）业机械安全监理总站的主要职责如下：第一，省农（牧）机机械化管理处，负责起草农业机械化发展政策和规划，组织实施农机作业规范和技术标准；指导农业机械化技术推广应用，组织农机安全监理；组织对在用的特定种类农业机械产品进行调查；指导农机作业安全等。第二，省农（牧）业机械推广总站，负责承担和组织实施农机化技术推广项目；承担农机化新技术及新机具的试验、引进、推广和技术服务；指导全省农机化技术推广体系和队伍建设等。第三，省农（牧）业机械安全监理总站，负责全省各类农业机械的安全技术检验，驾驶（操作）人员的考核和核发牌证等安全监督管理工作及全省农机监理员的培训工作等。甘肃省牧草机械发展情况如专栏 3-2 所示。

专栏 3-2

甘肃省拥有大面积的天然牧草和人工牧草。根据甘肃省 2016 年农业水利化情况统计显示，截至 2016 年，甘肃省拥有牧草基地 24.73 万亩，天然牧场 10.08 万亩，存在对具有高科技含量的牧草机械，尤其是进行作业收割的牧草收获机械的需求。20 世纪 90 年代末，甘肃省开始牧草生产机械化研究，省农业机械化技术推广总站着手研发与特定牧草品种配套的种、收和打捆机械。经过多年的发展与完善，牧草生产机械化技术模式、机具系统和运行机制已初步形成。全省范围内，牧草生产机械化中的机耕和机播环节已基本实现机械化，但关键的机收环节还相对薄弱。截至 2017 年年底，甘肃省全省现有牧草耕整地机械 105.7439 万台，牧草种植机械 9.0179 万台，牧草高效植保机械 39.6805 万台，牧草收获机械 1.2383 万台。在牧草机械化水平居全省首位的张掖市，其牧草机耕、机播、机收、综合机械化水平分别为机耕 8%、机播 82.4%、机收 77.78%、综合 88.05%。

而针对丘陵山区特点，为克服山坡地不连片的不利条件，缓解人工收获压力，促进畜牧养殖业快速高效发展，甘肃省农业机械化技术推广总站联合生产企业采取引进、吸收再创新的方式，研发了山坡地系列小型便携式牧草收割机，主要包括 9GWZ-0.8 型自走式割草机、9GY-0.8 型双圆盘式割草机和 9GW-1.2 型往复式割草机 3 种不同结构的小型牧草收割机，以及 9GXD-0.84 型旋转式割草机、9GWH-1.8 型往复式割草机，已在省内推广应用。

3. 林草主要科研机构

（1）中国林业科学研究院

中国林业科学研究院主要有两个所涉及林草装备技术研究：国家林业和草原局哈尔滨林业机械研究所（以下简称哈尔滨林机所）和中国林业科学研究院木材工业研究所林草装备研究室。

哈尔滨林机所为中国林业科学研究院直属的国家级社会公益型研究所，多年来积极开展林业机械、森林工程，承担着行业标准、质量检测、情报信息等社会公益服务。截至 2021 年 10 月，哈尔滨林机所有职工 96 人。其中，专业技术人员 76 人。设有《林业机械与木工设备》科技期刊。

涉及林业技术装备的研究室有种子资源装备研究室、森林生态修复装备研究室、林草资源综合利用装备研究室、林业智能装备研究室及林草灾害防控装备研究室等。

①种子资源装备研究室。主要从事林业种子加工机械、苗木生产机械的研究与开发。2007年至今先后完成科研课题20余项，获得科技成果9项，获得专利10多项。主要研究方向为营林机械、防火机械。

②森林生态修复装备研究室。主要研究方向为苗木培育技术装备、经济林和特种用材林专用机械及城镇园林绿化装备等应用基础研究。具体而言，开展了大田(苗圃)苗木培育相关的设备、工厂化育苗设备设施及油茶机械技术成套装备等。

③林草资源综合利用装备研究室。研究方向为森林工程装备、营林机械、采运机械和防沙治沙机械。

④林业智能装备研究室。主要研究方向是环境因子的测量和林业相关设备的自动控制两部分。自动控制是在综合机械、控制、计算机、液压气动等多学科的基础上，通过接收信息并对信息处理，实现对设备的控制。

⑤林草灾害防控装备研究室。研究方向为林草灾害防控机械、营林机械。包括林草火灾预防与扑救、林木剩余物处理与利用、经济林的保护与培育及林下经济技术设备。

中国林业科学研究院木材工业研究所林草装备研究室。2021年事业单位改革，国家林业和草原局北京林业机械研究所撤销，专业技术人员并入木材工业研究所后成立，是专门从事现代林草装备基础理论与应用研究的技术团队。研究内容主要有木材加工数控及高速电主轴制造、木工机械臂多轴控制、结构用锯材应力分等、木竹建筑构件多功能数控加工、生物质材料增材制造、木竹材与人造板机器视觉质量检测、生态修复用喷播绿化、林木抚育、竹材采运、林果采摘、丘陵山地多功能作业平台等技术与装备研发，为提高林草装备科技创新提供技术支撑。

依托中国林业科学研究院林业装备与信息化二级学科，拥有林业装备国家创新联盟、全国人造板机械标准化技术委员会、中国竹产业协会竹产业装备分会、中国林业机械协会竹工机械分会等平台，以及国家林业和草原局"木材加工装备及智能化"科技创新团队、国家林草装备科技创新园首批科技创新团队"木竹智能制造装备创新团队。

（2）国家林草装备科技创新园

顺应林草装备发展的需要，2020年9月，经浙江省人民政府商请，国家林业和草原局批复同意依托浙江省林业科学研究院、永康市人民政府等单位建设"国家林草装备科技创新园"。

2022年，浙江省林业科学研究院牵头注册成立1个综合体"浙江强林智能林草装备研究院"挂牌"国家林草智能装备研究院"，协调推进2个中心和4个基地相关工作。2023年，浙江省林业科学研究院成立林业装备研究所，增强创新园科技服务能力，成立由浙江省林业科学研究院院长牵头，6部门组成的科技服务专班，落实工作人员18人，其中专职人员8人。

创新园聚焦科技创新和林业发展，用好高校、企业两种资源，引进首批12支科技创新团队120名科研人员入驻，7支团队已承担、参与实施创新园研发攻关项目，并根据服务绩效对每个团队每年补助20万元，破解了青年人才就业、科创资源集聚等难点问题，激发区域人才发展活力。

以创新园为载体，先行开展国家林草机械装备创新试验示范基地试点，持续推广先进林机装备，培育壮大林机装备产业集群，努力在以科技创新塑造林业高质量发展新优势上走在全国前列。

创新园聚焦我国林草装备"卡脖子"技术难题，构建"科技引领、资源集聚、协同创新、突出优势、开放共享、孵化应用"的新型科技创新模式，将建成面向世界、服务全国、带动浙江的具有国际影响力的新型林草装备创新高地、科技人才集聚高地和林草装备产业集群高地。

（3）北京林业大学工学院

该学院在机械工程领域具有悠久的发展历史，其渊源可追溯到1958年北京林学院森工系的创立。1959年成立林业机械设计与制造专业。1984年获得硕士学位授予权，1996年获得博士学位授予权，2000年设置工程硕士专业学位点，2010年被批准为机械工程一级博士点学科。2022年获批国家林业和草原局重点学科，2023年获批博士后流动站。1993年在国家教委和林业部组织的硕士生培养质量评估中得分居国内同学科首位，同年被批准为林业部重点学科，1996年被批准为"211工程"重点建设学科，1997年作为重点建设学科被列入"211工程"项目。

学院从事机械工程方面研究的教师共75人，其中教授25人，副教授

33 人。

北京林业大学成立了林业装备与自动化国家林业和草原局重点实验室、国家林业和草原局林业智能信息处理工程技术研究中心及草业与草原智能装备研究中心。学院围绕绿色、创新、可持续发展的国家重大战略需求和国际科技前沿，依托林业装备与自动化国家林业和草原局重点实验室、木材无损检测国际联合研究所等平台，聚焦林业机械、智能制造和先进制造等科技前沿，广泛从事现代设计与先进制造技术、林木无损检测技术与设备、林业生物质能源化技术与装备、车辆系统研究与设计等研究，开展了沙荒地治理与植被恢复设备、林业生态智能监测装备、人工林采育设备、长距离高山水灭火设备、林业果实采集设备、林业物联网技术设备以及山坡地高效生态型运输技术与设备研究。

（4）东北林业大学机电工程学院

中国林业与木工机械研究的发源地。学院现有机械设计制造及其自动化、机械电子工程、机器人工程、车辆工程、汽车服务工程、森林工程、工业工程7个本科专业。学院现有机械工程一级学科博士学位授权点，建有博士后科研流动站，是国家林业和草原局和黑龙江省重点学科。拥有机械设计及理论、机械制造及其自动化、机械电子工程、车辆工程、智能检测与装置及森林工程6个博士学科方向。

学院科学研究以"双一流"建设为目标，以服务国家与区域经济社会发展需求为导向，以林业与木工机械为特色和优势，将机器人、人工智能、新材料等技术与制造业、林业深度融合，形成先进木材加工技术及智能装备、增材制造机理及关键技术装备、林业种苗种植与移植自动装备、农林机器人的优化设计与研究、智能柔性驱动机器人关键技术研究、木基材料微观力学性能研究优势特色。开展了人工林抚育间伐材的林业剩余物机械化采收与就地加工利用关键技术与装备研究、蓝莓等农林果蔬智能识别与机械化采摘技术与装备、便携式林间松果核桃采摘装备研究；地空一体化森林资源和火灾信息实时监测研究、森林病虫害智能监测检测防控技术与装备研究；基于5G的绿色建筑门窗材数字协同加工中心关键技术装备研究、高档智能化木工机械智能制造及远程监测检测关键技术研究；木竹基复合材料的绿色制造与智能控制技术研究、生物质基激光烧结3D打印生态材料与关键设备研究；西部沙区便携式、深坑生态系列植树机研究、自走式油茶苗移栽机等，在林业与木工机械智能制造、生物质增材制造领域具有显著的影响力。

学院拥有国家木工机械质量监督检验中心、木工智能化国家科技创新联盟、国家林业草原人工智能与装备工程技术中心、中国林机协会木材加工机械分会和黑龙江省林业智能装备重点实验室、省林业智能装备工程技术中心国家和省部级平台。通过平台建设，整合优势资源配置，为本科和研究生教学深入产教融合服务，同时提升教师和研究生的科技创新能力。

（5）南京林业大学机械电子工程学院

前身为林业机械系，1958 年招收第一届林业机械专业本科生，1960 年 9 月正式建系。1994 年 1 月成立机械工程学院，1997 年 7 月更名为机械电子工程学院。学院现有教职工 126 人，其中教授 25 人、副教授 39 人。近 5 年，学院获国家科学技术进步奖二等奖、国家教学成果二等奖各 1 项，教育部科学技术进步奖二等奖 2 项，承担了国家重点研发计划、国家自然基金等国家、省部级课题 60 余项，累计科研经费 5000 多万元，发表 SCI、EI 收录论文 200 余篇，授权发明专利近 100 件。

学院现有机械设计制造及其自动化、机械电子工程、自动化、机器人工程、智能制造工程 5 个本科专业。其中，机械设计制造及其自动化、机械电子工程及自动化为国家一流本科专业建设点，机器人工程、智能制造工程为新工科专业。成立有智能控制与机器人技术研究所。

学院现有机械工程一级学科博士点、机械工程博士后流动站、控制科学与工程一级学科硕士点和动力工程与工程热物理一级学科硕士点、机械专业学位硕士点。其中，机械工程为"十四五"江苏省重点学科、国家林业和草原局重点学科。

经过 60 多年的发展，逐步形成以林业机械与装备为特色，智能制造工程为重点的办学优势，并已形成了林业机械与装备工程、现代机械设计及理论、先进制造技术、智能机电装备、控制理论与控制工程、检测技术与自动化装置、模式识别与智能系统 7 个特色研究团队，在林业装备、智能检测与控制等行业具有明显优势和较强的竞争力。

学院建有机电产品包装生物质材料国家地方联合工程中心 1 个、现代林业技术装备国家级虚拟仿真实验教学中心 1 个、省级实验教学示范中心 2 个、省级工程研究中心 5 个、省重点实验 1 个及江苏省企业研究生工作站和实践示范基地 24 个。学院实验室总面积 6700 多平方米，仪器设备价值 2000 多万元，教学科研设备先进、设施完善，为科研和创新实践提供了有力保障。

此外，西南林业大学、中南林业科技大学、西北农林科技大学等高等院校也设有林业机械装备相关机构。河南林业职业学院成立了国家林草森林保护无人机与果园自主作业装备工程技术研究中心。

（6）中国农业大学草业机械装备研究中心

中国农业大学草业机械装备研究中心成立于 1999 年，属于校级研究机构，挂靠工学院。中心现有专业技术人员 24 人，其中教授 8 人、副教授 11 人；实验室面积 800 多平方米，专业仪器设备 70 多台（件），实验基地场（站）16 个；在读博士、硕士和留学生 60 多名。中心面向国家战略，聚焦国家草业、畜牧业重大需求，专注于草地机械化修复与草原生态建设、草地农业与草业机械化科技创新，以及牧草生产和饲草料加工机械装备的技术进步与产业化，重点开展智能草业装备与智慧草业研究。

依托国家和省部级重大重点项目及横向联合协同攻关，基于草原土（壤）-机（器）-植（被）互作耦合效应，探索了浅表耕层低扰动协同保墒、土根复合单体重构、植被复壮机理，提升了草地土壤-根系-工具作用关系相关理论研究水平，研发成功了"我国自主研发的第一代草地改良机械"，推进了退化草地机械化复壮促生和改良技术进步；结合现代物理工程技术在种子处理上的应用，开展了牧草种子、生态草种和乡土草种机械化播前处理研究，探究了草种-等离子体互作机制，发明了等离子体稳态发生、剂量智能化调节、种子活力激发效应的草种促生工艺，提高了草种械化处理效果，总体技术水平国际领先；创新设计了倾置圆盘匹配扭转异形割刀的收割装置，研制出丘陵山地刈割压扁机，割茬平整，为构建草原牧草高效刈割、苜蓿和燕麦干草全程机械化生产技术体系提供了装备支持；应用悬浮速度理论，发明了苜蓿烘干茎叶分离技术，创制成功了世界首条四行程苜蓿快速烘干与茎叶分离成套设备。同时，中心运用现代设计理论和方法，开展了直立簇生于非稳态饲草作物高效青贮收获技术研究；采用遥感、超高频无线射频和机器视觉方法，开展了草原空斑识别、放牧地路径巡检、数字围栏系统研究；基于智能智慧理念，开展了草地通用动力底盘、精密建植机构、柔性割台系统和籽粒破碎装置等关键部件的创新设计与研制。

近年来，中心在草原生态保护与修复、退化草地改良、牧草种子扩繁与加工、草地建植与饲草收获、饲草烘干与加工、饲草料青贮与利用等领域取得了一批具有国际先进水平的科研成果，并实现了转化。先后获得新工艺、新方法、新技术和新装置 100 多个；授权专利 200 多件，其中发明专利 130 多件；发表高质量学术论文 500 多篇，出版著作和教材 20 多部；获得国家及省部级科技奖励 16 项，获得全国"挑战杯"等各类教学成果奖励 20 多项，取得了显著的社会、经济和生态效益。

下一步，中心将围绕草业现代化建设总体要求，通过共性基础研究、协同攻关、技术升级、产业示范、智能化发展五大行动，聚焦草业全程机械化，突破草业高质量发展的重大机理、核心工艺和关键机械装备的技术瓶颈，在我国草业机械化作业、自动化作业、智能化作业三大体系的建设与发展方面发挥重要的引领作用。

三、 林草机械装备的相关机制规则

机制重在事物内部各部分的机理，即相互关系。林草机械装备的相关机制规则为推动行业更好更快的发展，理顺行业内部的关系，从购机补贴、技术研发投入到市场保护政策和企业财税支持政策，进一步厘清各职能，使林草机械装备实现可持续发展。

（一）林草机械装备的购置补贴

1. 林机购置补贴

林机购置补贴是林业机械购置补贴资金的简称，是农业机具补贴的内容之一。农机具购置补贴 2004 年实施以来，极大地调动了广大农民的购机积极性，提高了农业机械化水平。截至 2021 年年底，中央财政累计投入 2582 亿元，扶持近 4000 万农户和农业生产经营组织购置农机具近 5000 万台（套）。党的十八大以来，中央财政农机购置补贴资金大幅增加，累计投入 1839 亿元，年均超过 200 亿元，扶持 2100 多万农民和农业生产经营组织购置各类农机具近

2700 万台（套）。

2010 年，中央一号文件首次把林业机械设备纳入补贴范围，农机实施补贴政策也惠及到林业机械。2011 年补贴农机种类扩大到 12 大类 46 小类 180 个品目机具，明确将割灌机、树木修剪机等森林抚育机械纳入财政补贴的农机种类，并将补贴对象扩大到林场职工，同时要求各级农机、财政部门要与当地林业部门搞好沟通协调，切实把林业机械设备纳入补贴范围。

2021 年，农业农村部办公厅和财政部联合印发《2021—2023 年农机购置补贴实施指导意见》，要求农机补贴以满足亿万农民对机械化生产的需要为目标，以稳定实施政策、最大限度发挥政策效益为主线，落实构建新发展格局要求，破除制约要素合理流动的堵点，进一步畅通农业机械化发展各个环节，支持引导农民购置使用先进适用的农业机械，引领推动农业机械化向全程全面高质高效转型升级，加快提升农业机械化产业链现代化水平，为实施乡村振兴战略、推进农业农村现代化提供坚实支撑。

农机补贴在支持重点方面着力突出稳产保供。在补贴资质方面着力突出农机科技自主创新。通过大力开展农机专项鉴定，重点加快农机创新产品取得补贴资质条件步伐，尽快列入补贴范围。对重点补贴机具补贴额，测算比例从 30% 提高到 35%。降低保有量明显过多、技术相对落后的轮式拖拉机等机具品目的补贴额，并将部分低价值的机具退出补贴范围。

提升监督服务效能方面：一是提升信息化水平，推广应用手机 App、人脸识别、补贴机具二维码管理和物联网监控等技术，加快推进补贴全流程线上办理。二是加快补贴资金兑付，保障农民和企业合法权益，营造良好营商环境。优化办理流程，缩短机具核验办理时限。三是充分发挥专业机构技术优势和大数据信息优势，提升违规行为排查和监控能力。对套取、骗取补贴资金的产销企业实行罚款处理，从严整治违规行为。

在资金使用方面着力探索创新方式。组织开展农机购置综合补贴试点，选择部分有条件、有意愿的省份探索创新补贴资金使用与管理方式，实施作业补贴、贷款贴息、融资租赁承租补助等补贴方式，提升农民购机用机能力。

与农业相比，林业生产周期长、见效慢、投资大，工作环境普遍较为艰苦，缺乏资金积累，更需要机械化来提高劳动生产率和质量。在实施过程中，由于林业机械用机量不多及管理归口问题，列入补贴目录范围难度较大。只有湖南、江西(专栏3-3)、福建、四川等省份个别机械列入补贴范围。

专栏 3-3　江西省《关于切实做好林业造林机械纳入农机购置补贴有关工作的通知》

随着各项政策将林机纳入农机购置补贴范围，各省份也开展了相关工作。2009 年江西省政府首次决定将林业造林机械纳入农机购置补贴范围增加安排 1000 万元。这是江西省政府关心支持林业工作的一项重要举措，是强农惠农的民生工程，也是推进该省林权制度配套改革的重要内容，对于提高全省林业机械化水平、提高林业劳动生产率、加快现代林业建设步伐，具有十分重要的意义。为此，江西省林业厅下发《关于切实做好林业造林机械纳入农机购置补贴有关工作的通知》，要求各市、县(区)林业局加强学习，掌握政策，要认真学习省财政厅、农业厅《关于印发〈2009 年江西省农业机械购置补贴实施方案〉的通知》、省政府办公厅《转发省农业厅省财政厅关于进一步完善农机购置补贴工作意见的通知》，要求林业部门主动沟通，搞好协调；广泛宣传，强化服务；总结经验，做大总量。

---

2. 草机购置补贴

草业机械装备共分为六类：一是牧草种植与草地改良机械；二是牧草种子收获与加工机械；三是收获机械；四是牧草干燥设备；五是饲草加工成形设备；六是青贮饲料收获机械及设备(梁荣庆等，2016)。草原机械部分被纳入农机范围实行农机购置补贴。

农业农村部、国家发展改革委、科技部、工业和信息化部、财政部、商务部、卫生健康委、市场监管总局、银保监会联合印发《关于进一步促进奶业振兴的若干意见》提出，提升饲草料生产加工和养殖装备水平。对牧场购置符合条件的全混合日粮(Total Mixed Ration，TMR)配制以及其他养殖、饲草料加工机械纳入农机购置补贴范围。加强对苜蓿等饲草料收获加工机械的研发和推广支持。

在省级层面，如江西省，2007 年首次把草业机械纳入农机补贴范围。江西开展植保无人机购置补贴试点，每台补贴 1.7 万元。于 2017 年 11 月 9 日至 2018 年 3 月 20 日对植保无人机进行购置补贴，全省补贴资金总额为 1000 万元，用完为止。其中，南昌市南昌县、进贤县、新建区被列入试点范围。

（二）林草机械装备的市场保护政策

林机产品市场保护政策顾名思义是在林机产品市场对本国林机实施保护，避免受到本行业不良市场行为及国外林机产品的恶意竞争。

（1）《关于进一步扶持农业机械工业发展若干意见》相关内容

为了推动机械产品市场的进一步发展，2002年12月6日国务院办公厅转发国家经贸委等部门《关于进一步扶持农业机械工业发展若干意见》，要求建立健全法规体系，打击假冒伪劣产品，规范市场秩序。

①要加快制定农机产品监督管理的法律法规和有关技术标准，加强对农机市场的监督管理。

②要加强对农机产品质量的监督抽查，坚决打击制售假冒伪劣农机产品坑农害农的行为，把打假治劣与扶优扶强结合起来，建立企业举报、政府部门执法的打假协作机制。

③尽快建立企业产品质量信用体系，采取措施鼓励、扶植和保护名优农机产品及其生产企业。规范农机检测和发证制度，除国家质检部门统一检测发证外，取消其他对农机市场准入方面的限制。

④各地区要清理和取缔人为设置的市场障碍，严禁不合理收费等扰乱市场秩序的行为，减轻企业负担。严禁仿冒他人产品，侵犯他人知识产权。

⑤要加强对企业技术秘密和专利的保护，打击各种仿冒抄袭行为，用法律手段保护企业知识产权。

（2）关于加快提升农机产品质量水平的通知

针对农机产品可靠性不高、耐用性不强、性能不优，产品质量和售后保障能力不够等问题，农业农村部办公厅、工业和信息化部办公厅、市场监管总局办公厅于2023年联合印发《关于加快提升农机产品质量水平的通知》，要求强化企业主体责任，加强产品质量监管，提升产品推广应用和维修服务水平，加快补齐大型大马力高端智能农机装备和丘陵山区适用小型机械"一大一小"等短板弱项，持续强化农机装备可靠性、耐用性和使用性能试验验证，不断提升农机产品质量水平，为农业机械化全程全面高质量发展提供有力支撑。

同时，也提出了落实制造企业产品质量主体责任，提升企业研发制造质量水平，强化产品质量监督管理，加大推广应用验证及扶持力度，改进售后维修服务，加强部门协同联动的具体举措。

（三）林草机械装备的财税支持政策

1. 增值税减免

林机企业财税支持政策主要包括对林机企业的降税减负、清理涉企收费等方面。依据《关于若干农业生产资料征免增值税政策的通知》第一条第四项的规定，从事批发和零售的种子、种苗、化肥、农药、农机，可以免征增值税。企业按规定到主管税务机关办理相关免征增值税的备案手续即可。也就是说农机在农机生产厂出厂销售时，按 13% 的税率征税。各级、各类农机经销机构（企业）将从生产厂购进的农机再销售时，是免征增值税的，即在农机生产环节征收增值税。

2017 年，财政部、国家税务总局印发的《关于简并增值税税率有关政策的通知》规定，化肥、农药、农机、天然气等是工农业生产的重要生产资料，取消此档税率并下调至 11%，对纳税人最直接的影响就是降低税负，可以有效盘活企业的现金流，提高企业进一步扩大再生产的能力，体现了国家对农业、民生领域的税收支持。

《农业机械化促进法》在第六章扶持措施中，第二十六条规定："国家采取措施，鼓励和支持农业机械生产者增加新产品、新技术、新工艺的研究开发投入，并对农业机械的科研开发和制造实施税收优惠政策。中央和地方财政预算安排的科技开发资金应当对农业机械工业的技术创新给予支持。"农机企业研究开发新产品、新技术、新工艺所发生的各项费用，可按照财政部、税务总局印发的《关于促进企业技术进步有关财务税收问题的通知》《国家税务总局关于促进企业技术进步有关税收问题的补充通知》规定的政策执行。

2. 中小企业优惠

《中华人民共和国中小企业促进法》第十一条规定，国家实行有利于小型微型企业发展的税收政策，对符合条件的小型微型企业按照规定实行缓征、减征、免征企业所得税、增值税等措施，简化税收征管程序，减轻小型微型企业税收负担。第十二条规定，国家对小型微型企业行政事业性收费实行减免等优惠政策，减轻小型微型企业负担。

四、 林草机械装备技术现状

（一）林草机械装备研发的主要特点

1. 以市场为主导

以市场需求为导向，加快林草装备自主创新，实现林草装备现代化。深入了解国际和国内两个市场，以解决生态环境保护与治理及林草产业发展的现实需求为出发点，开展技术研究，开发新技术、新产品，推进产品技术升级，提高产品竞争力。产品开发模式从以跟踪模仿为主向自主创新为主转变，从以注重单项技术突破向注重技术集成转变，从单机生产向成套装备制造转变；研究制定林业装备系列型谱，开发系列产品，增加品种规格，提高林业装备的系列化、通用化和标准化水平。

政府部门发挥资金的引领作用和政策的导向作用，在产业政策、规划布局、指导协调、结构调整、市场环境、信息服务等方面给予支持，通过宏观管理，促使产业健康、协调、有序发展。通过行业技术标准和技术法规、规章、规范，逐步形成以技术标准、法规等手段为主的产品和市场管理体系；建立严格规范的市场准入和退出机制，限制劣质产品进入市场，促进行业技术进步；建立健全林业技术装备销售网络，进一步拓宽林业技术装备市场，鼓励企业进入国际市场，积极参与国际竞争，增加出口创汇。

2. 产学研协同创新

国家鼓励生产单位、龙头企业与研究单位、高等院校和推广应用单位联合，发挥各自优势，积极研发和应用新技术、新工艺、新产品，推进精深加工和多层次加工，延长林业装备产品链，实现多层次增值。

国家建设了一批国家和省部级科技创新平台，国家重点实验室、国家工程实验室、国家工程技术研究中心、国家级产业技术创新战略联盟等技术平台（表3-1）。以科技平台为依托，根据林草发展关键技术装备的需要，组织产、学、研联合攻关，国家财力集中支持，明确目标，重点突破；通过重大项目的实施，形成一批高技术成果，形成比较完整的以科研、生产、推广服务为一体的林业装备高技术研究体系，培养和聚集具有攻坚精神的研究人才。

中国林业科学研究院、中国农业大学、北京林业大学、东北林业大学、南京林业大学、中南林业科技大学等科研院所及中国福马机械集团有限公司等大型林草机械装备企业都有不同层面的合作，近几年也有很多重大研发成果。

表 3-1　部分骨干基地平台

序号	平台名称	平台单位	平台类别
1	林业机电工程国家林业和草原局重点实验室	中国林业科学研究院	国家林业和草原局
2	林木生物质低碳高效利用国家工程研究中心	中国林业科学研究院	国家发展改革委
3	国家林业和草原局林业装备工程技术研究中心	中国林业科学研究院	国家林业和草原局
4	乌兰布和沙漠综合治理国家长期科研基地	中国林业科学研究院	科学技术部
5	国家生物基材料产业技术创新战略联盟	中国林业科学研究院	科学技术部
6	国家林业和草原局林业机械质量检验检测中心(哈尔滨)	中国林业科学研究院	国家林业和草原局
7	国家便携式林业机械质量检验检测中心	中国林业科学研究院	国家市场监督管理总局
8	林业装备与自动化国家林业和草原局重点实验室	北京林业大学	国家林业和草原局
9	森林培育与保护教育部重点实验室	北京林业大学	教育部
10	国家林业局(现国家林业和草原局)木材加工与人造板重点开放性实验室	南京林业大学	国家林业和草原局
11	国家林业局(现国家林业和草原局)木材工业引进项目培训中心	南京林业大学	国家林业和草原局
12	国家林业局(现国家林业和草原局)人造板及其制品质量检验检测中心	南京林业大学	国家林业和草原局
13	国家林业局(现国家林业和草原局)林产工业设备状态监测与故障诊断技术中心	南京林业大学	国家林业和草原局
14	江苏省家具家饰产品设计工程技术研究中心	南京林业大学	江苏省
15	机电产品包装生物质材料国家地方联合工程研究中心	南京林业大学	国家发展改革委
16	黑龙江省林业智能装备工程重点实验室	东北林业大学	黑龙江省
17	草业科学北京市重点实验室	中国农业大学	北京市
18	农业部土壤—机器—植物系统技术重点实验室	中国农业大学	农业农村部
19	农业部农业信息获取技术重点实验室	中国农业大学	农业农村部
20	农业部草地管理与合理利用重点实验室	中国农业大学	农业农村部
21	模式识别国家重点实验室	中国科学院自动化研究所	科学技术部
22	无人机系统国家工程研究中心	西北工业大学	科学技术部

（续）

序号	平台名称	平台单位	平台类别
23	农业农村部北方农业装备科学观测实验站	西北农林科技大学	陕西省
24	宁夏智能装备 CAE 重点实验室	宁夏大学	宁夏回族自治区
25	陕西省农业装备工程技术研究中心	西北农林科技大学	陕西省
26	荒漠与绿洲生态国家重点实验室	中国科学院新疆生态与地理研究所	科学技术部
27	甘肃省荒漠化与风沙灾害防治重点实验室	甘肃治沙研究所	甘肃省
28	国家荒漠—绿洲生态建设工程技术研究中心	中国科学院新疆生态与地理研究所	国家林业和草原局
29	甘肃民勤荒漠化防治国家长期科研基地	甘肃省林业和草原局	国家林业和草原局
30	国家饲料工程技术研究中心	中国农业科学院畜牧研究所	科学技术部
31	国家林业草原风蚀沙化治理工程技术研究中心	蒙草生态	国家林业和草原局
32	内蒙古达拉特荒漠类国家长期科研基地	内蒙古自治区林业科学研究院	国家林业和草原局
33	林业装备国家创新联盟	中国林业科学研究院	国家林业和草原局
34	全国人造板机械标准化技术委员会	中国林业科学研究院	国家林业和草原局
35	中国林业机械协会竹工机械分会	中国林业科学研究院	民政部
36	中国竹产业协会竹产业装备分会	中国林业科学研究院	民政部
37	国家木竹产业技术创新战略联盟	中国林业科学研究院	科学技术部
38	国家林业和草原局木材科学与技术重点实验室	中国林业科学研究院	国家林业和草原局
39	国家人造板与木竹制品质量检验检测中心	中国林业科学研究院	国家林业和草原局、国家认证认可监督管理委员会

3. 企业为创新的主体

林草机械的创新大多源于企业与市场的对接，科研院所的创新也是通过企业孵化转化成功的。创新是企业核心竞争力的源泉，企业对市场需求反应最灵敏，适应市场需求进行创新的愿望最强烈。大企业具有较强大的资金和技术实力，有能力从事产品创新和大规模的工艺创新，大型企业集团是装备制造业的"航空母舰"，具备研发新产品、开拓国际市场、系统设计、工程总承包和融资服务等多方面能力，对全行业的发展具有巨大的带动作用。林草机械制造企业80%以上为中小企业。小企业由于机制较为灵活，创新动力强大，其创新的效果往往更为显著且直接，一旦获得资金支持，很快就能够成为推动项目落实以及成果转化的有效载体。

4. 社会服务体系支撑

行业协会、学会、商会、事务所、咨询机构和企业联盟等组织，在市场调查、信息搜集、网络服务、调查研究、技术咨询、项目评估、检查监督和成果宣传等方面发挥着重要的作用。这些面向社会、服务行业、协助政府的服务支撑体系，及时为林业装备制造企业提供各种信息咨询和服务，推进林业技术装备现代化进程。

目前，行业有中国林业机械协会、青岛市木工机械协会、伦教木工机械商会等相关组织。中国林学会下设林草智能技术和机器人分会。这些举措均对林草机械装备现代化进程作出了重大贡献。尤其是近些年举办的相关机械展会和学术研讨会，给我国各地区林草机械发展提供了交流和借鉴的契机，有利于学习和了解领域的前沿技术，洞察行业动态，促成思想的碰撞，拓展科研思路，激发创新灵感，为我国林草机械技术跟上世界发展的步伐给予了有力的支持，进而为我国林草机械技术引领世界潮流筑牢了根基。

（二）林草机械装备的主要研发成果

1. 林机主要研发成果

（1）科研院所

①原国家林业和草原局北京林业机械研究所获得国家级、省部级科技奖项15项，获得国家专利100余项，发表论文300余篇，鉴定、认定成果20余项，出版论著6部，充分发挥了作为国家级科研机构的技术引领作用，开展了自动破竹、乔灌木机械化采收、便携式多功能林果采摘、丛生竹择伐的装备研发。

②哈尔滨林机所近10年来，共承担省部级以上科研项目100多项，其中获省部级奖以上成果40多项，制修订国家、林业行业标准100余项，授权专利70多件。开展了开沟大苗植树、葡萄修剪、悬挂式挖坑、移动喷灌喷药、草沙障修筑的装备研发。研发了2RBW-1500无纺布育苗杯制作机、1GT-1500型油茶鲜果分级脱壳机、3QY-260缓冲式圆盘整地机、6FD-2100型防火开带机、YPZ-4型平地筑埂机等。

③甘肃省治沙研究所开展了微型压沙机、铺草压沙一体机、塑料网带状沙障机、流沙灌木快速植苗器的开发应用。

（2）教学单位

①北京林业大学建校以来累计获得国家科技奖励 57 项，省部级科技奖励 395 项。开展了困难立地造林特种底盘、立木整枝机、多功能立体固沙车、三北防护林生态监测系统、联合伐木机等研究。北京林业大学工学院近几年在人工林自动整枝技术及设备、森林资源保护无限监测关键技术、干旱沙地机械化深栽造林技术、多功能固沙集成技术装备创新与应用、基于"物联网"架构的林区智能生态监测系统及其应用方面获得省部级以上奖励。

②东北林业大学机电工程学院在高档智能化木工机床、地空一体化森林火灾防控、林业资源采收装备、浆果采摘和生物质激光烧结 3D 打印等方面获得专利 200 余件，获黑龙江省科技进步奖二等奖 3 项、三等奖 2 项，林业梁希科技进步奖二等奖 2 项、三等奖 2 项。

③南京林业大学通过鉴定的科研成果及授权发明专利 2000 余项，有 380 余项成果获国家、省部级以上奖励。开展了病虫害防治施药、作业机器人、果蔬采摘装备研究。南京林业大学机械电子工程学院近几年在车载自动多功能高射程喷雾喷烟一体机、遥控履带自走式果园风送喷雾机、脉冲式烟雾水雾机等方面取得重大研究成果。

④中南林业科技大学开展了油茶果采摘、扬土灭火、银杏叶采收等相关研究。南京森林警察学院开展了森林火灾烟气检测、着火点定位、水基灭火弹、余火监测清理及消防救援机器人等相关研究。

（3）生产经营企业

①中国福马机械集团有限公司累计获得国家科学技术进步奖 5 项，省部级科学技术进步奖 65 项；先后有 23 个产品被颁获国家高新技术产品；累计获得授权专利 294 项，其中包括 1 项欧洲专利在内的发明专利 38 项；公司主持参与了 10 多项国家标准、行业标准的制定与修订，"BPY74265 宽幅人造板连续压机成型压制系统"系列产品获得"国家重点新产品"认定，入选国机集团十大科技创新成果。

②镇江中福马机械有限公司研发了林木采育机、林区枝丫削片机。

③江苏林海动力机械集团有限公司研发的轻便、小型发动机及发电机组，提供了营林、森林保护机械的动力配套，同时开发了用于林区防火、巡护的交通工具和园林绿化机械。

④绿友机械集团股份有限公司立足于树木粉碎机、草坪修剪机等园林机械的开发应用，在园林绿化设备、森林防护装备、生物质粉碎机、电动车辆研发领域取得了多项技术突破。

⑤甘肃省建设投资（控股）集团总公司建成了全国荒漠化防治（机械治沙工程）试验示范基地，研制的多功能立体固沙车、牵引式半隐蔽草沙障固沙机和复合式半隐蔽草沙障固沙机在近万亩荒漠化治理中进行了应用试验。

⑥安徽三普智能重工有限公司开发的履带式挖树机，作业刀具具有三维方向可调、360°旋转起挖和灵活开合等特点，提高了设备对泥夹石、沙土及湿地土壤的适应性，挖切移植树木作业效率是人工挖树的 20 倍。

⑦南京恩博科技有限公司通过与科研院所的长期合作，将森林火灾早期烟雾识别技术、激光雷达及多光谱相机应用于森林防火中并取得初步成效。

2. 草机主要研发成果

（1）草原管护类技术装备

①天然草原改良类机具。我国在系统研究草原受损和退化机理的基础上，研制出切根机、松土补播机、浅松耕犁、草地改良多用机、全方位深松机等改良配套机械。中国农业大学工学院研制了 9QP-830 型草地破土切根机，以冲击、贯入的方式割裂退化羊草草地土壤板结层，切断羊草地下横走根茎以改良该类型退化草地，使土壤容积密度有所下降，当年可使羊草增产近一倍；中国农机院研制了 9BQM-3.0 型气力式免耕播种机，适应性广、播种均匀，能够在田间实现破茬、开沟、播种、覆土、镇压和铺平等联合作业。

②草原防火类装备。中国农业科学院草原研究所受中国人民解放军总装备部委托，在农业部草原防火指挥部办公室的直接领导和关怀下，"九五"期间主持完成了"卫星遥感草原火险预警、火灾监测和灾情评估系统"研究项目，较系统地对草原火发生时空规律及机理、草原火蔓延的制约因素、损失评估及信息管理等方面进行了深入研究（汪东等，2021）。在预防装备类，目前探测根部火焰的方式是红外探测，该方式可以探测出本地的温度升高。雷电预警仪可探测周围电场环境，探测范围广，可针对易发生雷电火的区域进行重点检测，提前采取措施，出现情况及时处理。扑救装备类，我国常用的有二号、三号、四号灭火工具，灭火水枪，风力灭火机，风水灭火机，灭火炮，点火器及大中型扑救装备系列等。通信装备类，主要有无线通信和有线通信两种基本通信方式，

通信装备有 GPS 定位仪、对讲机、电台、对讲耳麦、喊话器、卫星通信车等(苏和等,2004)。

③草原鼠虫害防治装备。利用相关机械设备治理虫害,如蝗虫吸捕机(翟向燕,2020)。

(2)草场利用类技术装备

①播种(补播)机。美国百利灵 SS 系列保苗播种机、约翰迪尔免耕播种机、美国大平原免耕播种机和凯斯播种机等具有先进的播种技术,播种量和播种深度都比较精确,能够满足牧草种植要求。国内针对天然草场退化的问题,在草地播种(补播)机方面做了很多工作,在引进、吸收国外先进技术、机型、结构的基础上内蒙古自治区农牧化机械研究所研制生产出 9MSB-2.1 型牧草免耕松土补播机、9MB-2.4 型牧草播种机、9MSB-2.10 型草地免耕补播机、2BM-1.25 型免耕播种机(农牧兼用)、2BMS-9、11 型免耕播种机(农牧兼用)等10 余种机型。9LSB-1.80 型草地改良多用机(徐万宝等,2000),将退化羊草草地的切根松土、松土补播、牧草播种三种工艺集中在一起,在内蒙古草原进行试验,羊草产量增长明显;王志强等(2002)研制了 9MSB-2.1 型牧草免耕松土播种机,可以一次性完成切草、松土、施肥、播种、镇压等作业程序,在内蒙古多地播种苜蓿等牧草,效果良好。新疆也研制了 91BS-2.1 型草原松土补播机,一次完成切开草皮、切断草根、开沟、播种施肥、覆土等作业,并在此基础上研制了 9SB-2.4 型草原松土补播机,于 2002 年在新疆新源县完成中试,并获得国家专利(杨卫军等,2006)。同时,新疆引进了内蒙古研制的 9MSB-2.1 型免耕松土播种机,它采用先进的海绵摩擦盘式排种器,排量均匀稳定;引进了 9SBY-3.6 型牧草种子撒播镇压联合机组机,其镇压器采用德国先进的栅条滚筒式镇压轮;还引进了 9MB-9 型牧草播种机,其采用双橡胶辊式排种器,可基本满足禾本科、豆科牧草种子的播种要求。

②割草机。在苜蓿草生产中,为了促进割后牧草的田间快速干燥、缩短后续作业时间,在收割装置后加上各种结构型式的调制部件,产生了带有橡胶压扁辊的割草机,即割草调制机(杨莉,2020)。目前,国内的牧机生产企业以及科研院所开发和生产了多种割草机产品。生产的往复式割草机有悬挂式和牵引式,割幅有 1.7 米、2.1 米、2.7 米、4.0 米、4.6 米和 5.4 米等。在我国应用较多的是牵引式往复割草机,主要用于天然草场的饲草收获作业。按切割器的个

数可分为牵引式单刀割草机和牵引式双刀割草机。牵引式单刀割草机有 9GQJ-2.1 型牵引式胶轮割草机和 9GQ-2.7 型牵引往复式割草机。牵引式双刀割草机有 9GS-4.0 型牵引式双刀割草机、9GQS-4.6 型牵引式双刀割草机、9GSQ-4.2/4.8/5.4 型双联动往复式割草机。为了减少作业环节，大大提高作业效率，在牵引式往复割草机上装配相同幅宽的横向搂草机的搂草器，产生了一次性完成割草和搂草作业的割搂一体机，如 9GL2.4/2.8 型牵引式割搂草机、9GL-2.1(2.0)型往复式割搂草机。国内往复式割草机以单动刀居多，一般采用曲柄连杆机构作为切割器的驱动机构。国内的旋转式割草机主要以下传动旋转割草机为主，多采用后悬挂方式，目前有双圆盘、四圆盘和六圆盘式旋转割草机。代表性的机型有 FC283 型旋转式割草机、9GZX 型圆盘全齿式旋转割草机、9GXD 系列圆盘割草机和 9GZX 系列圆盘式割草机等。9GXD 系列盘式旋转割草机包括 9GXD-1.3 型双圆盘式旋转割草机、9GXD-1.7 四圆盘式旋转割草机和 9GXD-2.4 型六圆盘式旋转割草机，割幅分别为 1.25 米、1.62 米和 2.36 米，升降系统装有螺旋手柄，容易升降；采用双弹簧悬挂，能适应地面的凹凸情况，不损伤草地；配有安全装置，作业中碰上障碍物或遇异常力时，割草机往后摆动，使机器免受损坏，适用于紫花苜蓿、黑麦草、燕麦草等各类牧草以及芦苇等高大秸秆作物收割作业。

③搂草机。国外常用的搂草机有横向搂草机、指盘式搂草机、滚筒式侧向搂草机和水平旋转搂草机，其中水平旋转式搂草机应用较为广泛（杨莉，2020）。横向搂草机在畜牧业发达国家已被淘汰，但目前在我国仍是天然草地饲草收获作业中的主要搂草机械，国内市场仍然以 20 世纪 60 年代定型的 9L-2.1、9L-6、9L-9 等横向搂草机为主。在指盘式搂草机方面，主要应用 2000 年以后生产的指盘式搂草机，如内蒙古研发的 9LZ-6.0 型指盘式搂草机、9LP-5.4 指盘式搂草机，山东省生产的 9YZ-3 指盘式搂草机，新疆生产的 92LZ 系列指盘式搂草机等，能够实现苜蓿、稻麦、秸秆等的搂集和翻晒作业。2000 年以后，国内开始研究生产水平旋转式搂草机，使用较为广泛的包括 9LZ-4.0 型、9LS-6.0 型和 9LSQ-5.3 型等（李旭英等，2014）。

④压捆机。比较有代表性的打捆机有内蒙古宝昌牧业机械厂负责生产出的 9KJ-1.4A 型方捆捡拾打捆机和新疆联合机械集团牧业机械厂负责生产的 92YG-1.5 型圆捆打捆机（王春光等，2013）。目前，国内大多数捡拾打捆机为

进口或根据国外的机械采用测绘或类比的方法设计的，在捡拾打捆效果、配套动力、主要零部件参数等方面仍存在很大的发展空间，相对较为成熟并且应用较多的国内捡拾压捆机主要有内蒙古华德牧草机械有限责任公司和上海世达尔现代农机有限公司所生产的 9YFQ - 1.4、9YFQ - 1.9、9JYD/Q 系列和 9YG - 1.4 型等牧草捡拾压捆机（丛宏斌等，2013）。

（三）林草机械装备的经费投入渠道

我国高校及其他林业机械研究机构科研经费来源还可以划分为各级政府提供的纵向科研经费和相关企事业单位提供的横向研究经费两种。现阶段，纵向科研经费来源于国家设立的国家自然科学基金、国家社会科学基金、国家成立的旨在解决国家战略需求的"863"计划、"973"计划等一批招标性重大科研攻关项目、各级政府设立的一些具有招标性质的资助项目等，比如原国家林业和草原局北京林业机械研究所承担过若干项科研院所技术开发研究专项资金项目、林业科技推广项目、中央级公益性科研院所基本科研业务费项目；横向科研经费主要通过高校等研究机构与企事业单位签订技术开发、产品研发、管理咨询、课题委托等合同，明确研究任务和双方的权利责任以及验收条件等，由高校或研究机构在合同规定的框架内完成相应的技术开发、产品研发和管理咨询。

财政作为国家治理的基础和重要支柱，近年来，按照中央部署要求，积极发挥职能作用，大力支持以科技创新为核心的全面创新。一方面，加大财政科技投入，为科技创新提供有力保障；另一方面，始终坚持问题导向，致力于建立健全既遵循科研活动规律，又符合依法理财要求的科技资金管理机制。比如，在深化科研项目资金管理改革方面，会同科学技术部研究制定了《关于调整国家科技计划和公益性行业科研专项经费管理办法若干规定的通知》，报请国务院印发了《关于改进加强中央财政科研项目和资金管理的若干意见》，2021 年下发了《关于改革完善中央财政科研经费管理的若干意见》，提出了一系列管理改革措施，不断释放创新活力。

（四）林草机械装备的专利申请与保护

1. 林机专利申请与保护

①原国家林业和草原局北京林业机械研究所授权了竹材 OSB 刨片机、轻型助力式竹篼起拔机、竹材刨片机的原料夹紧输送装置、加力采藤器、便携式绞盘机用减速装置等专利。

②哈尔滨林机所申请了 2RBW-1500 无纺布育苗杯制作机、1GT-1500 型油茶鲜果分级脱壳机、3QY-260 缓冲式圆盘整地机、6FD-2100 型防火开带机、YPZ-4 型平地筑埂机等专利产品。

③北京林业大学工学院刘晋浩等研发的步进式横向插草装置、陈忠加等研发的旋转柱塞式成型机、赵燕东等研发的一种多节管状冻土传感器及冻土监测系统都获得了国家授权发明专利，李文彬等创建的森林火灾及环境信息无线传感器网络远程监测软件平台获得计算机软件著作权。

④南京林业大学机械电子工程学院何斌辉等发明的一种新型数控破竹机、涂桥安发明的整竹筒去内节去黄组合刀具、陈勇发明的高效除草机器人及农田苗期行内作物杂草识别方法获得国家专利。

⑤东北林业大学工程技术学院研究的木材射频真空干燥在线检测与控制技术等获得国家专利。

⑥西南林业大学国家林业草原丛生竹木工程技术研究中心辉朝茂等发明的一种竹材防护技术、一种采笋装置、一种剥笋壳机等都获得国家发明专利。

⑦中国林业科学研究院木材工业研究所"一种大片竹束帘及其制造方法和所用的设备"和"一种增强、阻燃改性人工林木材及其制备方法"等 2 项发明专利获国家知识产权局第十六届中国专利优秀奖。

2. 草机专利申请与保护

①南京林业大学机械电子工程学院陈勇发明的高效除草机器人及农田苗期行内作物杂草识别方法等获得国家专利。

②中国农业大学工学院研制了 9QP-830 型草地破土切根机获得国家专利。

③中国农机院研制了 9BQM-3.0 型气力式免耕播种机获得国家专利。

④内蒙古自治区农牧化机械研究所研制生产出 9MSB-2.1 型牧草免耕松土补播机、9MB-2.4 型牧草播种机、9MSB-2.10 型草地免耕补播机、2BM-

1.25 型免耕播种机(农牧兼用)、2BMS-9、11 型免耕播种机(农牧兼用)等 10 余种机型。徐万宝等研制了 9LSB-1.80 型草地改良多用机、王志强等研制了 9MSB-2.1 型牧草免耕松土播种机等获得国家授权专利。

⑤内蒙古宝昌牧业机械厂负责生产出的 9KJ-1.4A 型方捆捡拾打捆机和新疆联合机械集团牧业机械厂负责生产的 92YG-1.5 型圆捆打捆机、内蒙古华德牧草机械有限责任公司和上海世达尔现代农机有限公司所生产的 9YFQ-1.4、9YFQ-1.9、9JYD/Q 系列和 9YG-1.4 型等牧草捡拾压捆机都获得国家专利。

第四章

林草机械装备发达国家
管理体制机制的经验借鉴

习近平总书记曾经指出，"西方经济学关于金融、价格、货币、市场、竞争、贸易、汇率、产业、企业、增长、管理等方面的知识，有反映社会化大生产和市场经济一般规律的一面，要注意借鉴"。美国、德国、日本、芬兰在林草装备上发展较好，除了自然的原因，也有着经济发展的内在机理。

一、 美　国

美国森林面积 2.98 亿公顷，占土地总面积的 33%，总蓄积量为 247.3 亿立方米。其中，用材林地(年产材能力在 1.4 立方米/公顷以上的林地)1.98 亿公顷，占森林总面积的 66.4%；保留林地(根据法律规定禁止采伐的林地，如自然保护区等)1400 万公顷，占 4.7%；其他林地(年产材能力在 1.4 立方米/公顷以下的林地)8600 万公顷，占 28.9%。在实践中逐步实现林业机械化生产。全国国有林主要由林务局管理，州有林和私有林由州林业机构管理，用材林中的 73% 由个人或私营企业经营，27% 由联邦政府、州政府或其他公共单位管辖。美国畜牧业实现了规模化、集约化、机械化发展，特别是机械化水平处于世界领先地位，主要畜牧品种的饲养多在工厂化的生产线上完成。

（一）美国林草机械装备管理体制

美国从中央到地方有一套完整的林业管理体系，组织健全，体制稳定。国有林系统实行联邦林务局、大林区、林管区和营林区4级管理。第一，联邦林务局从商业运作、国家森林系统、研究与开发以及国有和私人林业四个方面，来履行"关爱土地，服务人民"的使命。第二，美国农业部与内政部、其他土地管理机构积极合作，对森林、草原火灾进行科学管理，更好地保护自然资源和人们生命财产安全。第三，通过与美国国家标准技术研究院交流合作，帮助林草机械制造商克服共同的技术障碍，加快研究成果转化。

1. 农业部林务局

美国林务局（USDA Forest Service）的使命是"维护国家森林和草原的健康、多样性和生产力，以满足后代的需要"。林务局每年都要通过各种项目，与自然资源保护局和州林业局紧密合作，在国有林区履行以下职责：一是建设和维护林区道路，以便采伐和旅游使用；二是建设和维护林区的野餐、露营和滑冰等旅游设施；三是推广保护林区水土及快速更新的采伐技术，保护好植被、野生动植物资源和旅游景点，管理好国有土地的油、气、煤、地热及矿产资源；四是保护好国有林区和草地的珍稀动植物资源；五是管理国有林地的放牧。

（1）研发部门

林务局的研发部门（Research & Development，P&D）是美国农业部的一个组成部分，致力于走在林草领域的科学前沿，以改善美国森林和草原的健康和利用。林务局研发部门与美国农业部研究、教育和经济领域的机构结盟，包括农业研究局、国家粮食和农业研究所、国家农业统计局和国家农业图书馆等。林务局研发部门还与其他联邦机构、非政府组织、大学和私营企业合作，致力于改善国家森林和草原的健康状况。研发部门致力于以灵活而有目的的方式开展有影响力的科学研究、发挥组织协同作用和有效交付成果，关键交付成果包括三个：资源清单和评估、决策支持以及实践和利用方面的创新。研发对林务局和更广泛的自然资源社区的贡献是基于在森林和草原健康基础研究领域的卓越科学成果；森林土壤、空气质量和水文以及造林和生态学，包括森林生态学、鱼类和野生动物生态学。这些基础学科对于决定该机构的国家重点研究方面的领导地位至关重要。

（2）国家森林系统（National Forest System）

主要包括工程部、地理空间技术和应用中心技术与开发中心等部门。

①工程部。林务局工程部（Engineering）主要为管理约 2 亿英亩的森林、湖泊、山脉和草原提供工程技术支持。除了直接支持美国农业部林务局外，工程部还与其他联邦机构（如土地管理局和联邦公路管理局）、州和地方政府、部落政府以及许多私人伙伴紧密合作，以更好地履行林务局关爱土地服务人民的使命。

该部门所做的具体工作类型包括桥梁和索道、环境工程、基础设施、车队管理、地理空间、遥感、技术开发和发行出版物等。例如，车队管理的目标是通过提供高效和安全的车队设备来支持森林服务计划，并确保以最经济和最有效的方式获取、操作、维护和处置这些设备。车队包括各种车辆：轿车和旅行车；轻型、中型和重型卡车；建筑设备；船、雪地摩托、摩托车和拖车；消防、执法、农业和其他特殊需要的设备。林务局车队的设备总数超过 2 万件。

②地理空间技术和应用中心。地理空间技术和应用中心（Geospatial Technology and Applications Center ，GTAC）的使命与任务主要有四个方面：第一，共同规划未来。GTAC 通过探索和开发新兴技术，与合作伙伴合作展示其在土地和资源管理中的应用，为土地管理决策提供充分的信息以及建设能力，在美国农业部林务局的地理空间科学实施方面发挥领导作用，是一种支持"关爱土地、服务人民"的新方式。第二，爱护土地。GTAC 应用最先进的科学和地理空间技术来确保该中心的数据产品和服务提供可靠的项目分析、更好的工作优先级和明智的管理决策。GTAC 推广最佳实践并与机构合作伙伴共享信息资源，以帮助国家森林和草原的土地管理和资源管理。第三，服务人民。GTAC 帮助美国农业部林务局使用地理空间通信工具确保信息广泛、准确提供给公众、利益相关者和合作伙伴。为实现这一目标，GTAC 与合作伙伴联合发布权威数据、地图产品和交互式网络查看器。这些产品帮助传达资源监测清单、景观变化和火灾等紧急信息。第四，培育创新。评估新技术、工具和专业知识有助于确定新的管理策略，以实现土地管理目标，并提高应对生态威胁（如火灾、昆虫、疾病和其他森林干扰）的能力。GTAC 应用技术解决机构问题和挑战，交流成功的实践经验，并提供培训支持，以确保员工拥有使用新工具和技术的知识技能。

③技术与开发中心。林务局运营着两个技术与开发中心（Technology & Development，T&D)，即米苏拉技术与开发中心和圣迪马斯技术开发中心，旨在开发并应用先进的技术和设备来改进业务实践并确保员工在森林环境中工作时的安全。T&D 的主要目的是支持林务局内部活动，因此，他们专门为林务局员工和合作机构提供产品和服务。目前，T&D 中心项目涉及消防和航空管理、工程(设施、交通、环境)、森林管理、重新造林、苗圃、娱乐、安全和健康、森林健康保护、流域和空气管理、爆炸物、全球定位系统、库存和监测等。从本质上来讲，T&D 中心是小型的专业技术部门，具有土木、机械、航空航天、电子和伐木工程等学科的专业知识，以及娱乐、林业和社会科学知识。此外，设备专家、工程技术人员和其他人员也向研发中心提供技术和行政支持。此外，一些项目工作是通过助理人员(其他单位的森林服务人员)、专业服务合同以及与其他机构的协议来完成的。

T&D 计划与其他联邦、州和国际机构，私营工业，学术界以及专家顾问合作，使用技术解决具有全国意义的资源管理问题。T&D 计划是出于需要而诞生的，并且多年来已经从强调与火灾相关的发展扩展到包含所有森林服务计划。随着林务局进一步强化其关爱土地和服务人民的使命，T&D 准备继续开发必要的技术、设备和信息。

(3)州和私人林业

美国农业部林务局的州和私人林业 (State & Private Forestry，S&PF) 组织跨越国家森林的边界，覆盖州、部落、社区和非工业私人土地所有者。S&PF 是为土地所有者和资源管理者提供技术和财政援助的联邦领导者，以帮助维持国家的森林和草原、保护社区免受野火的影响并恢复适应火灾的生态系统。这项联邦投资利用了州机构和合作伙伴的能力来管理州和私人土地，并为美国人民创造生态、社会和经济利益。

森林健康保护(Forest Health Protection，FHP)是美国农业部林务局国家和私人林业的一部分。在森林昆虫学、森林病理学、入侵植物、农药使用、调查和监测、抑制和控制、评估和应用科学以及其他森林健康相关服务领域拥有250 多名专家。森林健康保护重视并通过跨所有权土地的合作伙伴关系开展工作。通过提供森林昆虫、疾病和入侵植物的调查和监测信息，以及技术和财政援助，预防、抑制和控制森林资源重度毁坏的情况，维护、增强和恢复健康的森林条件。美国森林健康信息指导尖端科学方法及技术开发和应用，为土地管理者提供必要的工具来评估、保护和改善美国森林的健康状况。

2. 森林与牧场联合会

森林与牧场联合会(Forests and Rangelands)是一个由美国内政部(DOI)、美国农业部(USDA)及其土地管理机构等合作成立的组织。该联合会的主要职责是为政府官员、土地和荒地消防管理专业人员、企业、社区以及感兴趣的组织和个人提供火灾、燃料和土地管理等方面的信息与技术合作,以推动相关领域的合作与发展。

野火领导委员会(Wildland Fire Leadership Council,WFLC)是一个由联邦、州、部落、县和市政府官员组成的政府间委员会,其成立旨在统一实施野火政策、目标和管理活动,并对联邦野火管理政策进行监督和协调。该委员会由内政部长、农业部长、国防部长和国土安全部长召集成立。

委员会提出了全国有凝聚力的野火管理战略,该战略利用科学在所有利益相关者和各种景观之间进行协作,以创造具有弹性的景观、创建适应火灾的社区,并在安全有效的火灾响应、在允许的情况下使用火、管理森林和草原等自然资源以及与野火共存等方面取得有意义的进展。

在美国农业部长和内政部长于2010年10月正式批准后,野火管理战略将在每5年期间至少修订一次,以应对景观、植被、气候和天气条件方面的任何变化。

3. 美国国家标准技术研究院

美国国家标准技术研究院成立于1901年,现隶属于美国商务部,从事物理、生物和工程方面的基础和应用研究,旨在促进美国的创新和产业竞争力,推进度量衡学、标准、技术,以提高经济安全并改善人们的生活质量。

(1)制造扩展伙伴关系

制造扩展伙伴关系(Manufacturing Expansion Partnerships,MEP)是一种公私合作伙伴关系,在美国50个州和波多黎各都设有MEP中心,致力于为中小型制造商提供服务。该中心主要职能有两项:一是向中小型制造商转让技术和专业知识。加强和改善联邦技术和美国国家标准技术研究院(NIST)的政府技术转让的流程和政策,仍然是NIST的首要任务。二是充分利用合作伙伴,最大限度地提供服务。MEP中心的资金来源及运营模式:MEP是一种公私合作伙伴关系,从一开始就被设计为成本分担计划。联邦拨款支付一半,其余部分由州、地方政府或私人实体出资，外加提供咨询服务收取的费用。这种成本分摊模式为 MEP 项目的成功作出了贡献。由于咨询收费使制造商在服务成果中拥有更高的份额，因此对其业务的积极影响更大。同时，公共资金允许较小的制造商负担得起服务(专栏 4-1)。

专栏 4-1

　　MEP 中心是如何帮助企业"变废为宝"。Ozark Shavings 公司成立于 2009 年，位于密苏里州的一家木质产品制造公司，主要生产用于宠物和动物床上用品的刨花。在生产制造过程中产生了大量的木材废料，为了降低处理废料的费用，并将其转变为具有正收入来源的新产品，该公司向密苏里州 MEP 求助，以帮助 Ozark Shavings 踏上新产品之旅。在密苏里州 MEP 进行市场调查、可行性研究、竞争分析和材料采购方面的帮助下，Ozark 公司开始着手开发 4 种具有附加值的木屑产品：树皮材料、刨花材料、堆肥材料和覆盖物。此外，密苏里州 MEP 的业务计划经理帮助 Ozark Shavings 申请了环境改善和能源管理局的赠款，以帮助公司"变废为宝"，增加废品价值。赠款申请获得批准后，Ozarks Shavings 开始租赁设备，雇用新员工，开发新的制造工艺并培养新客户。到 2020 年春季，该公司凭借新产品线进入市场。

（2）技术合作伙伴办公室

　　技术合作伙伴办公室(Technology Partner Office，TPO)通过领先的技术转让流程为 NIST 客户提供服务，NIST 研究人员使用技术转让流程来开发从概念到实际应用的创新。TPO 通过领导协作和建立共识的努力来建立框架和最佳实践，从而为所有机构间的客户提供服务，这些框架和最佳实践使所有联邦技术转让办公室能够通过合作关系成功实现，并将技术从实验室转移到市场。技术合作办公室未来的工作展望是为 NIST 的每项研究创新提供最佳实践途径，并为技术转让政策和分析提供动态支持。

（二）美国林草机械装备发展现状

　　美国林草机械装备的发展吸纳并应用了电子信息科技发展的成果，向智能、高效、多功能和大型化方向发展，重视资源和生态的保护，降低林产品生产作业成本的技术研究与应用研究；林草装备技术已逐步采用液压技术、现代微电子控制技术和信息技术的集合，注重与生物技术、高新技术的结合；许多智能化的林草装备研究成果已广泛应用，当前更加注重林草机械作业的自动化、智能化、高效率、高质量、低成本和改善操作者的舒适性与安全性的方向发展。

1. 森林防火技术设备

美国林务局和其他联邦、部落、州和地方政府机构每年共同应对数以万计的野火。平均每年超过 73000 场野火烧毁了大约 700 万英亩的联邦、部落、州和私人土地以及 2600 多座建筑物。美国不断研究和实施新的森林防火技术，以加强荒地消防，安全有效地应对野火。这些努力的范围从现代化大型空中加油机队到测试用于防火棚的新材料，再到不同类型的伞投烟雾弹。

（1）航空灭火装备

飞机可以迅速将消防人员、设备、水和阻燃剂等运送到火灾地点。空中灭火技术优势明显，速度快，不受地形等复杂条件的影响，直升机对火场、机场和水源环境的要求低，还可以为地面机动泵、人力水枪等加水，是森林灭火的多面手。

（2）阻燃剂灭火

阻燃剂用于降低野火的强度和蔓延速度，并使地面消防员能够进入该区域并在火场附近更安全地建造围堵线。混合用于野火的长期阻燃剂含有约 85% 的水、10% 的肥料和 5% 的次要成分（着色剂、腐蚀抑制剂、增稠剂、稳定剂、杀菌剂和流动调节剂）。

阻燃剂中的肥料改变了野火的燃烧方式，降低了火灾强度并减缓了火势，即使在阻燃剂中的水分蒸发之后也是如此。根据植被类型、覆盖水平、降水和其他因素，长期阻燃剂在其所含的水分蒸发后有效降低火势和蔓延的时间从几天到一周或更长时间不等。

美国林务局使用的所有阻燃剂都经过广泛测试，属于环境保护署（EPA）对野生哺乳动物（包括人类）和水生物种的"几乎无毒"类别。然而，研究表明，将单一的阻燃剂直接滴入溪流中可能会导致水中氨浓度过高，从而对鱼类和其他水生生物造成致命伤害。因此，美国林务局制定了严格的指导方针，以防止将阻燃剂滴入所有水道和地图上，为某些野生动植物提供栖息地的"避让区"。

（3）单兵防火装备

单兵防火装备结构简单、便于携带，可有效地帮助武装消防人员扑灭低强度的地表火，是地面扑火人员的主要工具。单兵防火装备包括防护装备和灭火装置。防护装备主要包括森林消防头盔、消防阻燃服装、消防手套、防火鞋、森林消防阻燃帐篷、森林消防阻燃睡袋、火场救生面罩等；灭火装置主要有扑火拖把、便携式水枪及风力灭火机等。美国非常重视便携式灭火装备的研制、生产及使用，产品多数都已配套，且工艺先进、坚固耐用。

2. 园林绿化装备

美国城市化进程比英国晚 80 多年，而移民伴随着资金、技术、产业迅速聚集，城市化发展速度快、规模大。在基础设施建设之后能够实现快速绿化的草坪业成为美国十大产业之一。高效率的大型草坪绿化机械是美国的强项，且其技术领先，配套成龙。美国所建设的高速公路里程世界第一，高尔夫球场数以万计，在水土保持相关法律法规的约束下，建设方必须做到建设时期尽可能保留原有植被，建设完成时植被必须完全恢复。在这样的法规约束下，植被恢复速度能够与建设速度几乎保持同步，无不仰仗大型工程绿化机械装备。

美国的约翰迪尔（John Deere）公司在农业机械、高尔夫机械、园林机械领域都有不俗的业绩，始终坚持走高端技术产品的路线。美国托罗（Toro）公司的高尔夫球场设备占据美国一流球场 80% 的市场份额，园林机械、灌溉设备也极具特色。美国的气候条件不如欧洲，相对恶劣气候的压力促进了美国节水灌溉技术后来者居上，实现快速发展。托罗、雨鸟（Rain Bird）等专业灌溉设备公司，都有很强的自主研究开发能力和规模生产制造能力，不仅把法国、英国、以色列的经典灌溉技术在美国发扬光大，也创造了许多现代灌溉装备的神话。小到家庭渗灌、微灌、喷灌，大到高尔夫球场、牧草场的灌溉，都能实现程序化或智能化控制精准节水灌溉。暗藏式喷头的精巧和桁架式喷灌机的气派，都使美国现代科学技术在特种种植产业领域得到充分体现。土地高度私有化和土地占用者必须维护土地完好性的法律制度，使得草坪机械的使用普及率很高，像铁锹、扫把一样成为美国家庭日常用品的一部分。在美国，园林绿化机械的"4S"服务店非常普及，稍有规模的超级市场都设有园林工具、园林机械产品销售专区，市场规模近 70 亿美元。

3. 精准林草机械装备

美国林草机械装备当前的发展方向是提供智能、互联的机器和应用程序，这些机器和应用程序将彻底改变农林业的生产系统。根据不同的工作情况自动选择和采用解决方案，以可持续的方式在整个生命周期中释放用户的经济价值。美国约翰迪尔公司是精准林草技术发展与应用的领头羊，JDLink 远程信息处理和木材管理与 TimberMatic 地图两项技术将机器、人员、技术和洞察力无缝衔接，简化了约翰迪尔的技术组合，可以更轻松地根据不同的工作情况选择并采用解决方案，大大提高林草机械的智能化、自动化程度。

（1）JDLink 远程信息处理

JDLink 是约翰迪尔精准林业技术的核心组件，通过台式机或移动设备管理整个车队，并且可以随时随地远程访问机器工作时间和位置、运行状况、油耗、闲置时间、维护计划等，机器所有者可以采取行动以最大限度地发挥每项资产和员工的工作效率。

①远程诊断和编程。这一行业首创让约翰迪尔经销商能够远程读取和清除诊断代码，并使用 JDLink Ultimate 在机器上记录机器性能数据，而无须直接前往工作现场。过去经销商会先派一名技术人员进行诊断，然后选择适配的零件。现在经销商可以更主动直接地诊断问题，节省了许多行程，可以一次带着正确的零件到达施工地点，并在更短的时间内启动和运行机器。如果是软件问题，经销商甚至可以直接操作更新软件。

②轻松跟踪维护。林草机器使用者可以设置维护计划，在已注册的机器上记录维护活动，并通过电子邮件将报告发送给机器使用者，同时说明下一次维护间隔的时间以及机器所在的设备组。这一切都是根据在机器上获取并通过 JDLink 传输的小时/位置数据自动报告的。这种方法可有效延长机器寿命并增加贸易价值。

③对警报迅速采取行动。约翰迪尔机器传输的诊断故障代码（DTC）出现在 JDLink 仪表板上的警报显示中，可以选择将 DTC 发送到机器操作者的移动设备上并升级到机组人员的手机。甚至还有适用于 iOS 和 Android 设备的免费 JDLink 应用程序，可以定位机器所在位置并查看和确认警报，通过潜在停机警报增加机器正常运行时间，延长使用寿命。

（2）TimberMatic 地图和木材管理

TimberMatic 地图和木材管理（TimberManager）软件平台将彻底改变用户计划、实施和监控测井操作的方式。这种基于地图的生产计划和跟踪系统允许承包商和操作员共享实时生产和位置信息，从而使有效决策不再需要猜测。TimberMatic Maps 和 TimberManager 可用于几乎所有型号的约翰迪尔林业设备，包括集材机、轮式和履带式伐木机、轮式和履带式收割机、集运机和摆动机。此外，该系统可以在大多数现有机器上更新。

①远程监控。除了机器上的 TimberMatic 地图外，承包商和主管还可以使用 TimberManager 实时实地监控进度，这是一种适用于 PC、平板电脑和手机的基于网络的解决方案。选择一个伐木地点，一目了然地查看收割、集材和前进的进度，以及包括机器生产和效率在内的更详细信息。

②现场制作视图。TimberMatic Maps 显示基于 GPS 的精确位置、估计的体积以及使用伐木归堆机——以实现简单、有效的规划。货运代理操作员可以立即查看某些选定物种的位置，并选择最佳路线来获取所需品种并将其运输到码头。

③实时更新。TimberMatic 地图是一种查看工地的新方式。现场生产和位置数据可以通过无线移动网络和实时云连接在约翰迪尔林业机器之间实现无线共享。操作员可以通过机器驾驶室中的 TimberMatic 控制系统使用 TimberMatic 地图显示实时查看所有机器位置和当前记录情况。

④精确的进度跟踪。随着作业的进行，生产数据和测井路线在 TimberMatic 地图上实时更新，显示作业现场的实际最新状态。使用兴趣区和兴趣点功能，操作员和承包商可以轻松地在驾驶室或平板电脑上标记危险、障碍、松软的地面和具有挑战性的地形。这些信息可与所有人员实时共享，增强了现场意识，有利于提高生产力。

⑤简化制图。TimberMatic Maps 适用于所有常见的地图格式，从简单的手绘地图到精心制作的 Shape 文件或 PDF。标准卫星或地形图像可以通过机器上的 JDLink 蜂窝连接直接加载。使用 TimberManager，所有者可以通过基于云在线解决方案更改地图特征并共享更新，而无需访问每台机器。

（三）经验借鉴

美国内战最终推动了美国农业从体力劳动向机械动力的转变，第二次世界大战之后恢复与发展，推动了北美和北欧的伐木机械化，至今林业机械已成为林业发展中重要的生产工具。美国林业机械水平高度发达，主要从法律规范、经济政策、科研体系、人才培养等方面支持林业机械的快速发展，其先进的做法经验值得我们参考学习，进而提高我国林业机械化水平，实现林业高质量发展。

1. 法律规范

1928 年制定的《麦克斯威尼——麦克纳利法案》是影响美国林业科研最深的一部法案，该法案提供了有关林业科研的组织法规，奠定了美国林业研究和科技创新体系。1972 年出台的《联邦水污染控制修正案》要求各州和其他各级地方政府机构控制水污染，特别是要控制在森林采运作业中产生的各种沉淀物对水的污染，对森林采运作业提出了新的要求，直接促进了森林采运的技术创新。

美国政府对于林业机械的生产和使用有着明确的规定，对于违反规定的生产企业和个人会予以相应的处罚。机械生产过程中应进行翔实的记录，并定期由当地相关部门进行检查，对违规企业处以罚款；生产、改装和修理过程中必须使用符合林业机械技术安全标准的部件，如发现问题予以处罚；报废机械统一由政府进行处理，其各部件不允许再次进行拼接组装，用于生产，对于违反规定的生产企业处以罚款。对于出现各种问题的生产企业，美国政府都会予以严肃的处理，对于情节严重造成恶劣社会影响的或是对林业机械使用者造成人身伤害的企业，不仅会处以罚款，而且会吊销其营业执照甚至追究其刑事责任。

2. 经济支持

资金拨付有保证，每年联邦政府经国会批准拨付林业科研预算资金。长期以来，美国林务局将年预算资金的 5% 左右用于林业科研，围绕维护森林健康的目标，开展了大量前瞻性、系统性的研究，在全球林业科研领域发挥了引领作用。美国林务局为符合条件的企业提供科研经费，特别是中小企业，鼓励企业开展林业科研及评估成果商业转化，将科研产品从实验室转化成市场产品。林农个人购买林业机械并不能直接从联邦或州政府获得财政补贴，主要是通过获取金融系统的信贷资金，在利息和贷款年限方面对林农予以优惠。

3. 科研体系

美国林业科研注重基础与应用研究相结合、研究与生产相结合以及系统性与连续性相结合的原则，具体表现在林业科学研究积极为森林经营服务。美国高等院校侧重高新技术的研究，联邦林务局所属的试验站和州立研究机构主要目标是解决生产上急需的实用技术，如林地生产力评价，最佳轮伐期的确定，新产品开发，新工艺、新技术应用及市场分析预测等。其研究特点是由生产单位和一些公司按照生产需要提出研究题目，经科研、教学和生产部门的有关专家论证后立项，必要时三方共同承担课题研究。研究成果可以及时在生产中推广应用。

美国政府一直把林业的教育、研究和技术推广作为重要的职责，形成了极有特色的产、学、研一体化，鼓励科研人员与大学及地方技术人员以及企业、农场主、非政府组织等联合开展研究，促进林业科研、开发和成果转化推广。同时，林业科研管理人员及研究人员还广泛参与跨机构和国际合作活动，加强信息交流、优先领域确定、项目规划等合作。

4. 林机生产与管理

美国政府部门没有设置专门的林机管理部门，美国林业机械从设计、制造、销售到使用、维修服务等，都已经在市场中形成了比较稳定的分工协作关系。制造商可以同研究部门合作开发新产品，也可以利用自己的力量开发和改进产品。制造商本身不零售机具，而是在各个地区委托代理商销售，会对申请代理的经销商进行考察和对比，尽可能寻找推销能力强、信用好、资金充足、服务和维修力量较雄厚的销售商作代理，双方签订代理合同。经销服务组织的类型较多，除代理制造商销售产品外，还从事零配件销售、产品租赁、维修保养和对各种新机具进行推广演示等服务。

5. 教育培训

美国政府重视对于人才的培养和引进，在不断培养本国人才的同时，还用优厚的科研条件、薪资待遇吸引来自全世界的人才进入美国的科技研发体系之中。美国的林业机械化程度较高，同时生物化学、电子智能和材料工艺的不断发展，使得林业机械不断改良，智能型林业机械得到长足发展。

美国林业机械经销商或各地合作推广站对林业机械设备操作人员进行培训。

林业使用的设备是该行业独有的，而且价格昂贵，林业采伐和设备的专业性需要熟练的操作员。所以，培训过程中使用模拟器来帮助学生获得成为熟练设备操作员所需的技能，学生还将学习预防性维护和基本设备维修等技能。

二、德　国

德国现有森林面积 1075 万公顷，全国的森林覆盖率为 30.7%，德国森林的平均蓄积量为 270 平方米/公顷，在欧洲国家中占据首位。森林面积按权属划分，48% 属于私有林，总计达 500 多万公顷，在这当中有 50% 的林主持有林地面积不到 20 公顷；4% 为联邦所有；29% 为州级别的国有林；19% 为团体组织所有。由于土地和劳动力在德国是稀缺资源，加之工业化程度高，因此以资本和技术密集、以机械作业为主要特征的集约化家庭农场成为德国畜牧业的主要发展模式。

（一）德国林草机械装备管理体制

对于森林资源的管理，德国建立了一套完善的管理体系。现行的林业管理机构分为 4 个层级：联邦食品、农业和消费者保护部、州林业行政主管部门、地方林业局和林场。各级森林管理机构均属垂直隶属关系，与地方政府行政隶属无关，从而避免森林管理体制中的地方政府干预。其中，巴伐利亚州是德国森林面积最大的州（250 万公顷），木材供应量最大，超过 30%；巴登-符腾堡州森林面积是 137 万公顷，为德国木材采伐贡献占全国 15%。巴伐利亚州和巴登-符腾堡州在林业各方面发展都较为先进，因此选择研究其林业机械装备管理体制机制。

1. 联邦食品、农业和消费者保护部

德国联邦食品、农业和消费者保护部（BMEL）的主要目标包括通过安全食品促进均衡健康的饮食；提供有关食品购买的清晰消费者信息；促进强大而可持续的农业、林业和渔业部门；为农村地区创造良好前景；改善动物福利并促

进全球粮食安全。

当前联邦食品、农业和消费者保护部重视数字化的发展，预计能够从农业数字化中获得的最大收益源自生产力的持续提升，以及工作时间和工作量的持续减少。农业已经在许多方面实现了数字化，信息技术和电子技术在农民的日常生活中发挥着关键作用。数字应用程序在许多领域提供支持，如施肥、植物保护和畜牧业；针对精密农业，农业机械配备了智能技术；自动化的工作流程已然成为农田和农场工作的一部分。然而，数字化并不仅限于此，还凭借多样化且广泛的数据将广泛的流程和利益相关者紧密联系在一起，其中包括农民、IT服务提供商、农业机械生产商、顾问和公共管理部门等。因此，联邦粮食和农业部期望塑造"农业数字化"，大幅度拓展了在该领域的活动，"数字化"也将成为林业进一步发展的方向。

2. 巴伐利亚州食品、农业和林业办公室

（1）巴伐利亚州森林管理局（BAYSF）

巴伐利亚森林管理局承担着巴伐利亚地区与森林和林业相关的全部事务。根据《巴伐利亚森林法》，该管理局确保对森林实施恰当且可持续的管理，并以服务至上的理念来支持森林和木材部门的进一步发展。在与森林所有者、公民和社会利益团体的对话过程中，森林管理局对利益相关者紧张领域进行调解，并制定适宜的解决方案；同时向森林所有者提供咨询服务、财政支持和技术传播等。

①巴伐利亚森林与林业研究所（LWF）。巴伐利亚州森林与林业研究所是巴伐利亚森林管理局的研究机构，主要进行实用的研究和开发工作。研究所雇用了约180名员工，沟通渠道短的小型团队可以提高工作效率。研究团队由经过科学培训的林务员、经验丰富的林业从业人员以及其他学科的专家组成。机构设置如图4-1所示。

②农业工程与畜牧研究所。农业工程与畜牧研究所负责动植物生产的农业生产过程工程、农场动物住房系统的设计以及沼气技术和排放领域的环境技术。为此，该研究所努力在行业、协会和实践方面与其他研究机构保持紧密合作。

农业工程与畜牧研究所的任务：从可持续性的角度，将新技术和新发现纳入作物生产和畜牧业的复杂系统，并考虑到动物和环境保护；科学调查和评估用于植物种植、畜牧业的不同工艺技术；将获得的知识与技能更好地传递并

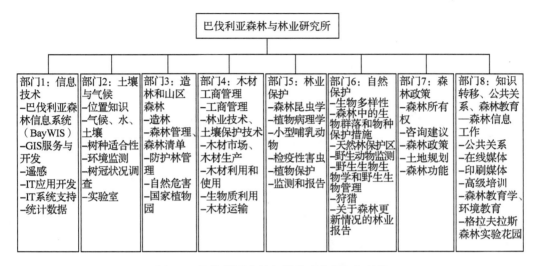

图 4-1 巴伐利亚森林与林业研究所组织结构

实践。

　　农业工程与畜牧研究所的工作处理有以下重点：特定地点的草地管理和牧草种植方法；开发、制造和测试机械设施，主要由机电一体化工作区负责；开发应用作物生产和畜牧业数字技术；研发农业机器人，特别是机械除草。

　　③巴伐利亚林业学校（WBS）。巴伐利亚林业学校对森林所有者和潜在森林管理者提供基础和高级培训课程，同时还负责森林技术人员、森林管理人员和区域猎人的职业技术学校资格的认证。首先，林业技术学校的目标是通过专业知识和方法的传授，输送国家认证的森林技术人员。巴伐利亚林业学校为期两年的学习课程包括造林和森林保护、森林利用和开发、森林政策和法律研究、IT和 GIS 系统等内容，它建立在职业学校和林业专业实践培训中传授的知识和技能的基础上，并在进一步的专业活动中进行测试和巩固。其次，巴伐利亚林业学校培养林业硕士考试的预备课程，由巴伐利亚森林管理局与巴伐利亚州立森林公司合作提供，目标是培养森林管理人员，毕业后可以作为私人或市政森林经营的区域经理建立和管理自己的林业公司、林业协会或相关行业的中层管理人员（如自然环境保护或景观维护）。

3. 巴登–符腾堡州食品、农业和消费者保护部

（1）巴登–符腾堡州森林管理局（LFV）

巴登–符腾堡森林管理局（LFV）对所有森林所有权类型行使主权监督，并负

责为巴登-符腾堡州的私人和市政森林提供咨询。它也代表森林所有者，充当森林管理的服务提供者。

巴登-符腾堡森林管理局的上下级部门、机构共有四个部分。第一是最高林业部门：巴登-符腾堡州食品、农村和消费者保护部第5部门，即森林、可持续发展与生物经济部。它的任务范围包括对所有森林所有权类型的森林主权监督。第二是高级森林管理局：弗莱堡政府主席团第8部门，即巴登-符腾堡森林管理局。组织结构如图4-2所示。第三是下级森林主管部门：位于相应的城市和地区。下级森林主管部门向具体的私人森林所有者提供的建议包括咨询，支持和技术援助。同时对他们进行监督。第四是超区域服务单位：巴登-符腾堡州林业实验研究所、林业培训中心、国家地理信息和农村发展办公室。

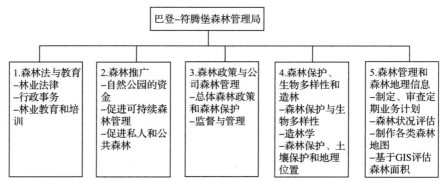

图4-2 巴登-符腾堡森林管理局组织结构

①巴登-符腾堡州林业实验研究所（FVA）。巴登-符腾堡州林业实验研究所是隶属于最高森林当局的非法定公共机构。作为一个部门研究机构，它的任务是在与森林有关的所有问题上进行面向应用的研究，并有助于确保对森林进行科学合理的可持续管理。此外，FVA还具有以下任务：一是长期科学地记录、观察，提供生态、经济和社会参数，以便能够据此调整和控制森林的生长发展。二是研究森林的林业管理和木材用途，以及社会需求、生物多样性对森林的影响。三是在研究和监测的基础上，向所有森林所有者、森林管理部门、利益集团和公众进行知识技术转让和咨询建议。四是可以通过合同将任务转移到巴登-符腾堡州内外的其他研究机构，也可以按合同接管任务。在这种情况下，必须进行财务或个人补偿。五是与其他州机构、联邦当局、研究机构和科研院校保持专业交流及紧密合作。图4-3为巴登-符腾堡林业实验研究所组织结构。

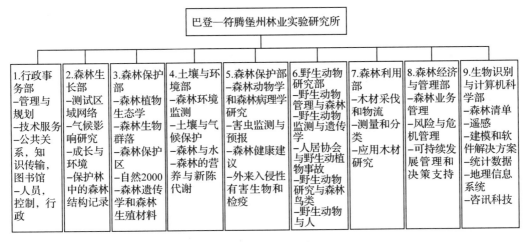

图 4-3　巴登-符腾堡林业实验研究所组织结构

②马腾霍夫林业培训中心是由奥芬堡家庭和农业学校、巴登-符腾堡森林管理局和奥尔特瑙克雷伊斯地区办事处三者共同合作成立管理的，它的办学特色在于培训公司与职业学校之间的合作。巴登-符腾堡森林管理局为公司培训提供教学人员，教育部为职业学校培训提供教学人员。行政和建筑物维护费用由州政府和奥尔特瑙克雷伊斯地区办事处分担，宿舍和家政区所需的费用由国家全额资助。这种非常复杂的结构需要双方定期交换意见，共同决定最终的解决方案。

培训公司。在巴登-符腾堡州，目前约有 130 家公司被认可为培训中心。公司间培训旨在补充和加深在培训公司中获得的技能和知识，消除该州在空间、地点、造林和人员方面的差异，并为受训人员提供了进行必要测试的统一依据。作为公司间培训的一部分，职业学校的学生将于第二学年和第三学年在林业培训中心进行为期一周的森林技术课程学习。

职业学校。学生可以选择在奥芬堡家庭和农业学校或其他职业学校参加专业课程，同时与公司培训相结合。奥芬堡家庭和农业学校的老师教授与工作相关的专业知识，以及德语、社会研究和经济学等通识科目。公司培训的林业领班以行政协助的形式提供实用的专业知识，如使用林业机械、注意工作安全等实际操作方面。根据文化部关于职业学校培训和考试的法令，学员完成 3 个学年的课程学习并通过期末考试后，将获得职业学校毕业证书。

（2）福斯特巴登-符腾堡州（ForstBW）

自 2020 年 1 月 1 日开始，福斯特巴登-符腾堡州是根据公法成立的合法独立机构，受到巴登-符腾堡州食品、农村和消费者保护部的法律监督。负责管理超过 30 万公顷的国有林，是巴登-符腾堡州最大的林业企业。除了森林所有者和木材工业外，ForstBW 还与森林相关的俱乐部和协会以及培训、研究机构等合作，通过培训年轻的林务员和开发解决方案为 ForstBW 的未来作出了决定性的贡献。

柯尼斯堡森林教育中心是福斯特巴登-符腾堡州下设的一个机构，主要按照《州森林法》的规定对所有森林工人进行森林教育和技术培训方面的活动，主要负责实用森林管理课程的构思和实施，是进一步发展设备和技术培训工作的"森林工作和森林技术能力中心"。每位员工都是各个专业领域的专家，由林务员、森林机器操作员、职业学校教师和外部专家组成的培训团队负责以客户为导向的方式来实施众多的培训课程。

柯尼斯堡森林教育中心涉及的培训范围广：第一，在林业学徒的公司培训和林业硕士考试的预备课程中，负责培训从事林业专业的年轻人。第二，可以为巴登-符腾堡州的林业公司和林业部门提供进一步的培训、技术信息和建议。第三，对在森林中工作的人员进行安全有效、节约成本和符合人体工程学的专业实践培训，特别是在森林工作期间避免事故和人身伤害是培训中关注的重点。

4. 森林知识信息平台

森林知识信息平台（图 4-4）（Waldwissen. net）是一个关于森林信息和通信平台，是巴登-符腾堡州林业实验研究所（FVA），奥地利维也纳联邦森林、自然灾害和景观研究与培训中心（BFW），巴伐利亚州森林与林业研究所（LWF）和瑞士比尔森斯多夫瑞士联邦森林、雪地和景观研究所（WSL）及萨克森福斯特大学（SBS）等合作机构的联合项目。

森林知识信息平台是由林业专家为主运营的网站，提供有关森林、人与森林管理的高质量最新信息，用大众容易理解的森林术语提供广泛的林业主题信息。各自研究机构的编辑人员负责编辑专业信息，然后将其显示在网络门户上。森林知识信息平台将研究机构、森林管理机构、森林所有者协会和其他非政府组织彼此联系起来，为大家创造便利的沟通平台，有利于研究部门提供的大量知识被更好的利用，为所有人提供林业相关的实践知识。

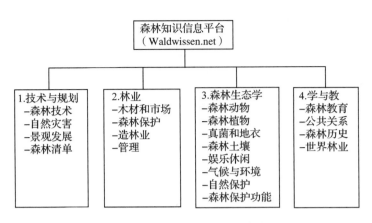

图 4-4 森林知识信息平台内容

森林知识信息平台于 2005 年 2 月 16 日上线，刊登了约 600 篇文章。随着时间的推移，对森林知识的贡献和林业专业知识的供应不断增加。截至 2017 年 5 月，互联网上总共提供 3370 份文稿（其中 250 份为英文）和包含各种信息的档案（仅德语），森林知识信息平台上的文章点击率超过 22 万次。

（二）德国林草机械装备发展现状

德国机械制造相对发达，在林草生产的主要环节已基本实现了机械化作业。随着工业 4.0 的全面展开，机器组件和自动化技术如今正发挥重要作用。营造林生产中机械化由单工序机械化转向多工序联合机械化发展；在人工林生产环节中，营林机械化发展多数已实现集约化生产经营模式，并开始应用卫星定位、数据传输、计算机控制等现代技术。牧草生产管理也向数字化方向发展，实时对环境和牧草生长情况进行自动监测。此外，很多新技术如物联网、人工智能、机器人也都在尝试应用。

1. 种苗技术装备

德国在早期发展阶段注重种子资源培育，营建了大面积适合机械化生产的种子园和保留了条件较好的母树林。因此，在种子园和母树林中采种作业大部分采用大型采种机械，如牵引式液压升降台式采种车、自行式采种车、振动式采种机等。在天然林中采种仍是用各种爬树工具和采摘工具。种子的加工调制已全部实现机械化，部分实现了自动化，如种子烘干、脱粒、精选、分级等。德国从种子入库到处理、消毒和包装已实行工厂化管理，自控低温种子存贮技术可保证种子 10 年不变质。

苗圃作业已实现全盘机械化，包括苗圃整地翻转犁、筑床机、GPS 定位精量播种机、大苗专用除草机、施肥机、联合起苗机、苗木分级计数打捆机、切根机、苗木移植机等。环境因子(主要包括育苗生产中的环境温度、湿度、光照度、二氧化碳含量、土壤湿度、苗木生长营养需求监测与控制等)自动控制技术已广泛应用在温室工厂化育苗当中，极大提高了育苗质量。容器育苗技术得到进一步发展，在容器育苗自动装播生产线及环境因子自动控制技术方面，充分应用现代电子技术、信息技术、计算机控制技术等先进科技成果，提高林业种苗技术装备科技含量。

2. 清林整地机械

造林前整地是改善造林地条件、保证造林质量的重要手段。林业发达国家整地作业机械化程度普遍较高。德国根据本国造林地条件，研制出了多种适于当地条件的整地造林工艺方法和配套机械，如深层整地缺口圆盘耙、浅层整地锥形滚齿耙和山地带状加穴整地机。近年来生物质能源高效利用技术得到各国政府的高度重视，在清林整地工艺方法方面有了很大提高，新研制的高效清林整地机械、林间生物资源收集利用机械有了很大发展。德国针对采伐迹地枝丫清理和利用开发的采伐迹地枝丫收集、高效运输、现场粉碎利用、灌木及伐根清理粉碎设备等，为林木资源高效利用提供了先进装备。

3. 植树造林机械

造林方式有种子直播造林和植苗造林两种。多数造林工程均采用植苗造林方式。在植苗造林中，常用机械主要有连续开沟植树机、选择式植树机、容器苗栽植机、链轨式插条机、机载挖坑机、便携式挖坑机等。除平缓林地常用设备动力底盘外，开发研制了四轮高度可调能横坡行走的可调式自平衡动力底盘，主要用于坡地造林作业。由于造林地条件差别较大，对于复杂林地条件下的造林作业也还有部分需要人工和辅助机械完成。受制于林地条件和作业成本，近年来德国的造林机械发展相对缓慢。从目前发展趋势看，下一步在现有造林机械的基础上进一步完善开沟、投苗等配套装置，同时开发专用配套动力机械，促进困难立地条件下造林机械化水平的提高。

4. 幼林抚育机械

在幼林抚育采伐机械方面，德国研发的联合抚育伐木机技术性能先进、作业效率高，联合机上装有长伸臂和伐木打枝造材工作头，由微电脑控制造材，可一次性完成伐木、打枝、造材、归堆等作业，既具有高效率，又能满足森林经营的要求。在林地条件复杂情况下，还是以油锯人工间伐为主要方式。德国研发的爬树自动修枝机，用于立木修枝作业，可实现人工遥控操作，立木修枝机作业时自动沿立木向上旋转爬行，完成打枝作业，应用效果良好。

5. 牧场管理技术

德国是欧盟最大的牛奶生产国，牛奶产量仅次于法国，德国农民约25%的收入来自牛奶和牛肉。因此，牧场管理至关重要。为此，德国开展一系列旨在创新牧场管理的计划。在这些计划中，研究人员利用声纳、雷达和卫星等一系列高新技术，远程收集卫星图像信息，与地面牧场监测数据相结合，这样，牧场主可以在舒适的办公室里，通过计算机获取整个牧场的信息，从而更好地可视化理解和管理牧场。有了这些信息，生产者可以针对关键区域进行更密集的牧场监测，以确定牧场植物群落与参考植物群落的比较情况，以及当前的管理实践如何影响特定位置的牧场健康。最终，研究人员希望通过这些创新管理计划，让生产者能够种植和使用更多的牧场(放牧和保存)，更好地保护、发展和使用牧场，简化日常管理。同时，开发的工具自动评估牧场干物质产量和营养特性，并更好地预测牧场性能。这些技术并没有取代实地监测和管理，但它们丰富了牧场主的工具包，为牧场的适应性管理提供了帮助。

（三）经验借鉴

德国是先进的机械制造大国，林木采伐和木材加工基本上使用先进的机械设备，大幅度提高了效率，减少了人力成本。德国林业机械高度发达的原因：健全的林业法律和制度体系；实行有利于林业机械化发展的价格补贴、贷款等经济措施；重视林业机械化科研工作；保证林机产品质量，扩大销售网点，充分供应零部件；加强林机使用维修的培训等。德国高度林业机械化为我国林业机械的进一步发展提供了宝贵经验。

1. 法律规范

德国林机产品质量认证率较高。通常企业都会主动申请认证，消费者也非常关注林机的认证标志，政府则积极支持认证事业的发展。在德国及欧盟，法律、法规和标准体系中不仅对产品质量涉及安全、环保要求的内容有着系统而细致的规定，而且还明确规定了产品强制安全检测和认证的范围。德国林机产品质量认证已经形成了以完善的法律、法规及标准体系为基础，政府负责授权与监督，认证机构具体操作的高效而成熟的运行体系。法律文件规范的重点主要集中在三个方面，即道路交通安全、生产安全和环境保护。内容涉及林机制造企业、销售及售后产品安全质量问题的处理方式，以及政府对相关法律法规的实施进行监控的规定等。

2. 经济支持

德国政府对林业机械化极其重视，制定实施多项经济优惠政策促进林业机械化，实现森林可持续经营。第一，对林业合作组织或者私有林主购买林业机械和进行林道等基础设施建设给予财政补助，如图林根州对购买林业机械所需金额的25%可以获得州财政补助。第二，对林农购置林机具等生产资料给予低息贷款甚至无息贷款，并且贷款年限一般较长。第三，购买大型造林设备进行扩大再生产等，私有林主可向联邦或州政府申请相关奖励资金，且程序简单，只要经林业部门专业人员确认即可领取奖励资金。

3. 科研体系

德国林业科研主要由联邦教研部主管，负责制定包括林业行业在内的国家科学技术发展政策法规，通过科研经费管理以及与欧盟紧密合作，指导科研院所、高校进行科学研究和推广应用，协调联邦政府与州政府之间各项科研活动。德国林业科研和开发主要依靠企业、大学和独立科研机构。企业是科研的主体，针对市场需求和自身林业生产经营实际，开展科研活动，并与高校或科研单位进行科研合作；大学主要面向林业基础研究和前沿科学研究，并向联邦政府、州政府或欧盟申请科研课题。各州林科所是独立科研机构，其研究主要是采取咨询机制，以林业生产需求为导向，以问卷或者研讨的形式了解所需要研究的问题，年度研究项目经征询各方意见后最终确定。

4. 林机生产与管理

德国是先进的机械制造大国，林木采伐和木材加工基本上使用先进的机械设备。德国的林机企业十分重视林机产品质量，本土林机公司拥有多条先进的生产线，自动化程度较高，生产线上每一道工序，都录入装配工人的信息，实现了质量可追溯；根据不同地区特点和用户个性化需求，大型林机设备都实行订单式生产，在装配线上就能知道该产品的销售地，为每台设备建立了详细的档案，做好售后跟踪服务；随着高新技术在林机上的广泛应用，驾驶操作人员的技能直接影响到林机设备效能的发挥，林机企业非常重视对经销商和用户的技术培训，每家企业都设有专门的技术培训中心，提供了林业机械从生产到使用一条龙服务。

德国各地成立了由社区林和私有林共同组成的民有林共同体组织（即林主联合会）。联合会有独立管理的生产人员和机械，如有需要可随时承包公有林和私有林的各种作业，这样拥有机械的个人和团体可以最大限度地提高机械的使用率，降低林业生产成本。

5. 教育培训

德国非常重视林业教育和培训，有培养从技术工人到规划管理人才的完善的林业教育、培训体系。各类学校分工明确，大学培养林业经营、管理人才和能够规划协调从森林营造到木材采伐、销售全过程的职业经理和统筹协调人；林业技术学校则培养林业技术工人。德国对林业技术工人的培训非常严格，不仅要求具有扎实的专业知识，而且要求具有较强的动手操作能力。据介绍，德国每个县市都有林业技术培训中心，学生一年用 12～14 周的时间学习理论知识，其余时间全部实习，从油锯等伐木工具的维修、保养到使用，从种树、森林经营到采伐，从小型机械的使用到大型机械的驾驶，都必须通过严格的实践考试，合格后可以在全欧洲应聘。

三、日　本

截至 2019 年年底，日本森林覆盖率高达 66%，占国土面积的 2/3，森林蓄积总量为 44 亿立方米。其中，天然林占森林总面积的 59%，人工林占森林总面积的 41%。日本的国有林占 31%、公有林占 11%、私有林占 58%（公有林+私有林=民有林），国有林总面积 7.58 万平方千米，占林地面积的 30%，占日本土地面积的 20%。

日本是个畜牧业发达的国家，尤其草食动物饲养技术很先进，因其地域条件、资源属性等原因形成了独具特色的畜牧业发展模式，畜牧业发展总趋势是养殖场户持续减少、养殖规模适度扩大、养殖优势区域集中度持续提高和畜禽产品总量保持增长，主要是走资源节约型道路。

（一）日本林草机械装备管理体制

日本政府部门主管森林和林业事务的是农林水产省所属的林野厅，林野厅下设林政部、森林整备部和国有林野部三个部门。林野厅拥有庞大的地方分支机构，包括 7 个森林管理局、98 个森林管理署、1256 个森林事务所和 71 个治山事业所。都、道、府、县级地方政府中森林与林业主管部门的设置情况因森林与林业比重大小而异，森林面积大、林业比重相对较高的地方设置单独的林政部，否则设置农林水产部。下列相关部门负责林草技术的研究开发与推广等事宜。

1. 农林水产省林野厅

（1）森林管理局

森林管理局是农林水产省林野厅下设的地方分支机构，日本共有 7 个森林管理局，分别是北海道森林管理局、东北管理局、关东地区管理局、中部管理局、近畿中国森林管理局、四国管理局和九州森林管理局。其中，北海道森林管理局设立了森林技术与支持中心。森林技术与支持中心根据当地森林的特征为森林提供技术开发支持并进行推广。发展目标主要是建立以水土保持为重点的森林经营和养护技术；建立以人与自然共存为重点的森林经营利用技术；建立回收和有效利用资源的技术；建立高效安全的工作技术；建立高效的森林管理和完善的森林栽培技术。

（2）林业技术培训学院

林业技术培训学院是日本唯一的国家森林和林业培训机构，为从事林业和林业管理的机构人员、县级人员和海外受训人员提供有关森林和林业的各种知识和技能。该学院专门设立林业机械化中心，提供与林业机械相关的知识和技能培训，以促进森林的高效养护，全面利用日本丰富的森林资源。1954 年在北海道发生大规模的森林破坏，因此林野厅林业技术培训学院的林业机械化中心开始进行各种林业机械的实验并编写工作手册，以实现林业机械化，促进森林资源的恢复。当前，该中心的工作重点是为"建立降低生产成本和促进以高性能林业机械为中心的新型工作体系"培训优秀员工。从熟悉的链锯和割灌机到操作大型林业机械以及开辟机器高效行驶的"道路"，林业机械化中心将提供以现场培训为中心的课程学习，同时也努力提供咨询服务和最新的林业机械技术信息，以便工程师可以展示他们所获得的技能。

（3）林政部规划科

规划科下设财务和税制两个团队。财务团队负责林业和木材产业融资项目的林业财政规划、指导和补贴。林业和木材工业的金融系统机构有三个：一是日本金融公团基金，提供维持和提高林业生产力所需的长期、低息资金；二是林业和木材工业改善基金，为改善林业和木材工业管理提供所需的无息中短期资金；三是木材产业发展促进基金允许负责木材生产或分销的企业以低利率获得促进其业务合理化所需的资金。此外，农林渔业信贷基金还建立了债务担保制度，方便林农向金融机构借款。

税务团队主要承担着林业税收制度规划及调查等工作。该团队负责制定并推行一系列有关支持林务员和木材加工等人员的所得税、公司税的减免等措施。以财产税（市政税）为例：第一，林业合作社等通过接收国家补贴或赠款、林业和木材产业改善基金等而获得的共享使用的机械设备（购买价格为330万日元以上），会实施降低征税标准的措施（购买后3年减半）；第二，林业合作社的办公室和仓库等固定资产可享受免税待遇。

2. 农林水产技术委员会

农林水产技术委员会是根据《农林水产省设立法》，作为国家行政组织的"特别机关"而设置的。农林水产技术委员会的主要职责包括制定农林水产研究基本计划等；试验研究和一般行政部门事务的联络协调；研究开发状况及成果调查；农业、食品产业技术综合研究机构等独立行政法人；都道府县、民间企业等进行的研究开发补助；提高研究人员的素质。

（1）森林综合研究所

森林综合研究是日本唯一一家在森林、林业、木材工业和林木育种等方面进行研究和开发，响应国家政策和社会需求的核心试验研究机构，未来的目标是创建一个与更多利益相关者（国际组织、政府、行业、教育机构、森林所有者、生态系统服务的受益者）合作的研究机构，解决林业领域面临的问题，为日本森林的多功能性的先进示范，促进林业的产业化以及下一代森林的丰富化和可持续性作出贡献。它的使命和作用是为森林的持续培育、林业技术的改进和日本国内木材的扩大使用作出贡献，以及维护和发挥森林的公共利益功能。

①林业工程研究区。森林综合研究所设有林业工程研究区，促进林业机械化发展。林业工程研究区的研究内容（表 4-1）：一是开发有效的森林资源采伐作业系统；二是开发林道网基础设施维护技术；三是更好地开展林业工作，开发设计安全、高效和轻劳动化的技术；四是林业机械的开发和改进以及控制技术的发展。目前，林业工程研究区主要项目：一是开发用于林业机械装卸作业支持的木材形状估计系统；二是针对农业和山区村庄森林维护的电动机器人的研究开发；三是使用大量林道灾难数据对长期林道灾难恢复成本进行建模；四是模仿学习在抓圆木作业自动化中的应用评价。

表 4-1　林业工程研究区研究内容

林业工程研究区	关键字
Masahiro Mozuna（负责人）	无人驾驶、节能、林业机械
山田健（研究专员）	绿化、林业机械
森林工作队	
田中佳昭（团队负责人）	林业工作、地形测量、工作模型
负责测井技术的团队	
植村卓美（团队负责人）	测井、架空线收集、工业安全
收获系统实验室	
中泽雅彦（经理）	工作系统、路网规划、信息通信技术林业
吉田千吉（高级研究员）	工作系统、生物质收获、生产成本
史城（高级研究员）	GIS、无人机、森林信息、木材供应链管理
森林路网实验室	
铃木秀典（经理）	工作路、路网规划、施工技术
山口聪（高级研究员）	林道网、竹林利用、施工技术、养护
白泽弘明（高级研究员）	道路网规划、生命周期成本、分区
广冈弘子（研究员）	森林路网、道路排水、道路强度
轻劳动力技术实验室	
山口博一（经理）	机器人、自动化、人机工程学
稻田裕太（高级研究员）	劳动负荷、道路强度、道路网络布局
中田千（固定期限研究员）	劳动科学、工作安全
机械技术实验室	
伊藤隆之（负责人）	林业机械、架空电线收集、劳动科学
有水贤吾（研究员）	机器人技术、环保意识、林业机械

②共同研究和受托研究。森林综合研究所与私营企业、大学、政府、科研机构以及其他独立的行政机构合作，进行共同研究和受托研究，以促进对森林、林业和木材工业的研究。在共同研究中，多个机构通过设置研究目标、内容共同对单个研究主题进行研究，通常研究费用将由负责每个部分的机构承担，通过受托研究获得的知识产权将由联合研究人员与国家研究组织共享。受托研究由森林研究所代表其他机构进行，以进行特定的研究和调查，研究费用由委托机构承担。共同研究和受托研究的程序如图 4-5 所示。

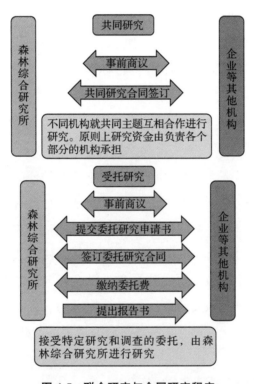

图 4-5　联合研究与合同研究程序

（2）产学合作处

为了使日本的农业在世界的竞争中生存并发展成为充满活力的产业，农林水产省将其他领域的思想和技术引入了农业、林业、渔业以及食品工业，促进开放式创新以及促进商业化的产学政合作。产学合作处将积极促进"产业—学术—政府—私人"伙伴关系，提供从"进入"（信息收集、建立联系、协调咨询）到"退出"（商业化）的支持措施，以传播研究成果和技术，搭建私营企业、科研机构、大学院校和政府等之间合作沟通的桥梁。产学合作处的主要任务包括进行诸如项目研究等推进措施的计划制定、推动研究成果向实际应用转化以及促进作物育种研究工作。

（3）筑波产学合作支援中心

在农业、林业、渔业和食品领域以及私人企业提供支持服务。例如，通过咨询台在私营企业与研究机构/研究人员之间建立桥梁，并用易于使用的形式，目的是促进研究合作、联合研究以及研究结果的商业化。

筑波产学合作支援中心提供的服务主要有：一是成立用于联合研究、研讨会、讲习班等的"筑波农林研究交流中心"。二是收集、管理和提供促进研究所必需的国内外信息，建立了"农林水产研究信息中心"，以提供有关研究结果的信息，建立提供此类研究信息的网络基础设施。三是管理和运营福利设施，例如，受训人员住宿、会议室、诊所等，这些设施由研究园区内的研发公司共同使用。

3. 经济产业省

经济产业省采取经济优惠政策以支持林业技术的研究开发，如制定实施了研发税制和中小企业技术创新制度。研发税制是一种允许公司在进行研发时从公司税额中扣除测试和研究费用乘以税收抵免率（6%~14%）的系统。但是对于森林综合研究所进行的联合研究和合同研究，可以使用较高的税收抵免率在单独的框架中扣除，并且与国家研发公司和大学合作时，税收抵免率最高。在中小企业技术创新制度中，相关政府部门与其他机构、企业等合作以增加对中小企业开发新技术的补贴支出机会，并支持研究成果商业化。

（二）日本林业机械装备发展现状

机械在林业生产中的使用始于木材搬运。国外林木采运装备是在 20 世纪 70 年代末逐步发展起来的。随着工业化进程的不断发展，经历了人工斧锯的采伐、牛马套运材后，日本森林采伐作业机械化发展很快，油锯的使用、运材汽车的改进和完善，特别是自走式伐木机，可实现伐木、打枝、造材于一体的联合伐木机的开发应用，在生产效率、安全、智能化方面有了很大的进步，且对地表生物资源破坏小。

1. 采伐机械

（1）日本越来越重视保护森林生态环境和改善劳动条件

新开发油锯应用高效空气喷射净化技术和微型集成块。前者能提高发动机性能和寿命，并减少有害气体数量，追求低碳经济；后者将使发动机发挥出最大功率并对转速进行控制。此外，工程塑料和复合材料的应用，将减轻油锯重量，以减轻劳动强度，防止工伤事故的发生，提高工作效率。

（2）日本无人化采伐机械已投入使用

第一，工作部件实现微型电子计算机辅助操纵，运用一根操纵杆即可控制整个液压臂和伐木头的动作，由此简化和改善操纵，并使司机有时间从事较高水平的决策，如不损伤保留木等。为适应山地作业的需要，推广能自动调平的新型作业机，以保证向前、后、两侧4个方向倾斜时的正常作业。第二，为伐木联合机等采伐机械配备了各种能判别地形、坡度、树木等环境条件的传感器以及遥控操纵系统。

2. 集材机械

集材机械过去主要包括拖拉机、牵引撬和汽车，后来逐步演变为专用集材拖拉机、木材装载机、液压起重臂自装卸运材汽车。当前日本根据不同地形情况采用不同集材机械，例如，在平缓地形会使用伐木联合机伐木以及集材联合作业机；在坡度较大的山区常采用高空索道集材、自行式移动绞盘机集材，有些地方还会运用直升机集材等。其中，索道从部分自动向全自动方向发展，具有遥控绞盘机、自动跑车、自动卸载吊钩及测距器的全自动集材索道系统已问世。

3. 运材机械

运材汽车采用防锁闭制动技术、车轮滑转自动调控技术以及轮胎集中充气技术，以提高运材效率和降低费用。GPS导航定位系统、计算机监控系统用于汽车运材调度管理。该系统可为中心调度员提供每辆车的运行位置，以便实现车流最优化，消除堵塞，节约待装和待称重时间，以提高运材效率。

为配合林野厅的智慧林业政策，日本林业机械行业未来将在以下方面加强研究：一是推进森林信息收集，利用激光测量技术与无人机辅助造林，提高造林质量；研究开发能够进行自动采运和远程操作的林业机械装备。二是有效利用信息与通信技术（ICT），加速构建可以共享生产管理和供需相关数据的供应链。三是建立森林信息数据库，实现地方政府与民营企业的数据共享目标。四是推进速生树种的选择与利用，实现"缩短轮伐期"目标，同时加强低密度栽培和机械化作业研究。

（三）经验借鉴

日本的林业机械发展大体经历了三个阶段：一是1911—1945年的初级阶段。以铁道运材开始，发展到采用集材机、简易架空索道等技术进行集材，国产集材机等设备得到开发。二是1945—1990年以传统林业机械为核心的机械化作业体系建立与实践阶段。第二次世界大战后，日本经济的高速发展导致木材需求急剧增长，机械工业以军需为主转向以民需为主，因而促进了林业机械的开发，加快了林业机械化的发展，确立了"油锯伐木造材—集材机或拖拉机集材—拖拉机运材"的生产作业方式。三是从1991年开始以高性能林业机械为核心和以高效作业体系为目标的发展阶段。20世纪80年代末和90年代初，日本林业机械化进程的明显趋势是大量引进国外高性能林业机械和国产高性能林业机械的开发，以及随之而来的以高性能林业机械为核心的高效作业体系的构建，围绕自动化、高效化、智能化作业来推进和完善采运作业体系和营林作业体系。日本林业机械化起步时间较晚，发展速度快，其发展经验对于我国更具有参考价值。

1. 法律规范

日本在1991年9月发布《促进高性能林业机械化的基本方针》，制定了木材采运作业、营林作业的具体目标，提出了开发高性能林业机械具体指南，明确了推进高性能林业机械作业体系的要求。2000年4月，以日本农林水产省发布的修定版《促进高性能林业机械化的基本方针》（以下简称《新基本方针》）为标志，日本高性能林业机械的发展进程进入了2.0时代。《新基本方针》针对陡峭山区高性能林业机械无法推进、林区路网欠发达和成片开发滞后的地区高性能机械难以普及等问题，从木材采运、森林培育等方面提出了"新的高性能林业机械作业体系"的目标，从运用先进技术等方面提出了开发和改良高性能林业机械的指南，从组织协调、路网建设、环境保护和技术人员培训等方面提出了强化新的高性能林业机械作业体系普及推广的条件和要求等。政府每年进行一次调查，以了解高性能林业机械的拥有情况。为掌握高性能林业机械的保有现状，日本林业厅每年都进行调查汇总。2019 年度高性能林业机械的保有台数为10218 台，比上年度增加 559 台，与 10 年前（2009 年度）的 4194 台相比，增加了约 2.4 倍。其中，运材用的自走式短材集运机 2784 台，打枝造材归堆用的打枝造材机 2155 台，伐木打枝造材集运用的原木采伐联合机 1918 台。

2. 经济支持

对林农购置大型林业机械或装备实施直接补贴、低息或贴息、购机贷款担保等政府优惠政策。日本政府在林业融资系统中，专门设有购置林业机械的贷款项目。此外，还有一种无息贷款为"推进木材行业发展基金"，用于森林所有者、林业协会等引进新技术或购置林业机械设备所需费用。政府对林农购买拖拉机、林业收割机、打枝造材机、坡地伐木机等提供 80% 左右的补贴，补贴以外的费用政府通过长期低息贷款给予支持。

3. 科研体系

日本的科研能力较强，其在科研方面的投入都处于世界领先地位。日本的农林科研体系是由在全国设立的公共科研机构、大学、民间机构组成的，积极开展现代农业的开发研究工作。其中，以国立公共科研机构为主体，并积极与大学和民间机构进行密切联系，同时日本林业科研体系的服务体系，也是在政府以及林业协会的指导下开展工作，形成了从中央到地方完备的普及推广体系，在林业技术推广和机械化方面作出了积极的贡献。

在畜牧业方面，日本主要利用现代生物技术进行畜禽品种选育改良，主要培育适宜规模化养殖的品种。同时，在畜牧机械研发使用等方面强化了科技攻关，大型农场基本上实现了自动化管理，运用计算机技术完成饲料供应、温度调节、环境控制等工作，提升了规模化农场的机械化、自动化水平，同时也降低了用工人数和人力成本。

4. 林机生产与管理

林业机械的生产和使用严格执行标准。为了保护消费者权益，日本对于林业机械的生产材料、加工工艺、后期保养维修都有明确的规定，充分保证了林业机械能够正常运行和使用，同时对于林业机械操作者有着严格的考级评定制度。具体参考表 4-2 农业机械操作者考级评定制度。

表 4-2　日本农业机械操作者考级评定制度

等级	获得评定的资格要求	时间要求			培训要求	非农人员要求
农业机械技术 2 级	完成农业机械培训 2 级培训者	3 年以上操作经验，取得大型特别驾驶许可证	5 年以上操作经验，取得小型特别驾驶许可证	有 3 年以上操作经验并接受评定委员会规定的农机作业安全培训者	初级技术评定合格或者接受初级培训者	符合上述条件的非农人员也可以通过测评
农业机械技术 1 级	取得大型驾驶和牵引许可证的人且完成一级培训者	评定为 2 级后，有 1 年以上驾驶经验	评定为 2 级后，有 3 年以上的实践操作经验	—	取得中级评定合格者或者完成中级技术培训者	符合上述条件的非农人员也可以通过测评

5. 教育培训

高性能林业机械作业体系的技术人员培训。2011 年 4 月起，日本农林水产省实施了对林业从业人员开展全国统一的学历教育培训计划，达到了规定工作年限，并经过培训合格的工人，现场颁发施工员（初级）、现场管理员（中级）和现场管理总负责人（高级）证书，并实施了农林水产省登录备案制度。

四、芬　兰

芬兰拥有 45630 家农业和园艺企业，平均可利用农业面积为 50 公顷，农业和园艺为 118000 人提供就业机会。在已利用的农业面积中，13.5% 为有机农业，高于欧盟有机农业的总面积（7.9%）。大约 86% 的农场是家庭经营的，70%的农场以农作物生产为主，25% 为畜牧养殖场，其余为混合农场。芬兰森林面积为 2626.3 万公顷，蓄积量约为 20 亿立方米，森林覆盖率为 86%；人均森林面积为 5 公顷，居世界第二位。芬兰林权形式主要有私有林、国有林、公司林和其他所有制林地 4 种。其中，私有林为 1368.1 万公顷，占 52.1%；国有林为922.9 万公顷，占 35.14%；公司林为 203.5 万公顷，占 7.74%；其他所有制林地为131.9万公顷，占5.02%。芬兰有443478个私有林主，平均每个林主拥有林地23.6公顷。芬兰林主可划分为小规模林主、一般林主和其他林主三类。林地规模在4公顷以下的为小规模林主和80公顷以上的其他林主，不需要缴纳林业费；一般林主需要缴纳林业费。

（一）芬兰林草机械装备管理体制

芬兰农林部设有食品司、自然资源司、信息与研究司、行政与发展司，农林部指导和制定芬兰的森林政策和立法，并通过政府参与欧盟的决策。自然资源研究所（Luke）、国家森林企业（Metsahallitus）和芬兰林业发展中心（Tapio）在农林部的指导下经营管理森林，属于政府层面的林业主管部门。民间自发组织的机构为农业生产者和林主中央联盟（MTK），下辖14个区域林主联盟（Provincial MTK Union）和62个森林管理协会（FMA），拥有超过31.6万名成员。

1. 自然资源研究所（Luke）

Luke的工作目标与任务是促进生物经济和自然资源的可持续利用。第一，森林研究开发领域。研究内容包括森林资源与森林规划、木制品行业的木材质量与利用、造林、森林破坏、森林政策、森林生物多样性、树木育种、非木材林产品及保护区管理等，提供有关科学数据和全国森林资源清查等任务。针对小型林业机械或木材采伐设备的苗木管理机械化已经开发了各种解决方案，但迄今为止机械苗木管理仅占苗木管理总面积的1%～2%。Luke、设备制造商和维德拉公司（Verdera Oy）合作研发清除落叶机械，节省工作时间，降低育苗成本。第二，数字化林业。包括：①为森林管理和木材采伐开发具有成本效益和环境友好的方法。在木材采伐中开发动态适航地图，可用于预测最近几周的降雨对不同土壤承载力的影响。随着冬季变短和异常天气（包括干旱期）的数量增加，更精确地安排不同的适当操作。②木材采伐考虑木材的质量和下游加工商的需求，提高木材的市场竞争力。③精准林业，过去对大面积的森林采用相同的经营管理方式，现在可以有针对性地对森林进行护理和耕作。

在农业牧草生产方面，草场养殖约占芬兰土地面积的30%，而与之相关的牛奶和牛肉生产约占该国农业收入的50%。牧草在芬兰农业的盈利能力和竞争力中发挥着关键作用。Luke草地生产的研究目的是通过提供关于各种收获时间和施肥策略产生的影响、牧草品种的选择、不同的栽培技术以及气候变化对作物产量及其营养的影响等问题的信息，提高青贮饲料生产的效率和质量，旨在优化收获草产品的数量和质量，并且在追求利润最大化的同时兼顾动物的营养需求和福祉。

2. 国家森林企业（Metsahallitus）

Metsahallitus 是一家国有企业，负责芬兰国有森林资源管理、林业生产经营、国家自然遗产（国家森林公园）管理以及公共行政服务与业务运营分开管理。该企业的业务运营包括国有森林的可持续管理和利用、林木种子的生产和销售以及国有土地和水域的租赁、销售和房地产开发活动，在国有土地上创造多样化的商机。该企业的公共管理服务由芬兰国家公园和芬兰野生动物服务中心负责。任务包括管理芬兰几乎所有的自然保护区和数十个文化遗产，保护许多濒临灭绝的物种，为徒步旅行者提供免费的基本服务，利用出售狩猎和捕鱼的许可证收入，促进自然资源的可持续管理和利用。提供公共行政服务所需资金来自国家预算中分配的拨款和许可证出售收入。

共同开发与研究合作：①Metsahallitus 是芬兰最大的自然资源管理者和用户。为了执行任务，Metsahallitus 需要利用自然资源相关的最新的研究成果。因此，需要与其他机构、个人合作研究，尤其是与芬兰自然资源研究所和芬兰环境研究所的合作。其他主要研究合作伙伴包括大学、私人企业和国际组织等。联合项目有广泛的主题，包括国际合作、文化遗产、保护、自然旅游、徒步旅行、林业、建筑以及健康和福祉。例如，研究和开发数字化的使用、木材运输的物流以及森林管理技术的多样化。②与教育机构的合作可以是非正式的，也可以是基于协议的。一方面，林业部门机构将 Metsahallitus 管理的某些区域用于教学目的，Metsahallitus 的专家在这些机构授课，学生们前来参观 Metsahallitus。每年公司都会提供数十个实习机会。另一方面，广阔的国有土地和水域为合作伙伴提供了极好的研究对象。例如，芬兰自然资源研究所在国家森林中设有永久性研究地点，但也根据情况需要在其他地方进行大量研究。除了长期的合作伙伴关系，Metsahallitus 对新的研究合作持开放态度。Metsahallitus 不仅为其合作伙伴提供研究许可和地点，而且还提供资金支持、新想法和建议。

3. 芬兰林业发展中心（Tapio）

Tapio 是超过 100 年的专业组织，在全国各地建有 13 个区域林业中心，是芬兰森林管理的一部分。Tapio 业务领域包括：①森林管理咨询。即具体提供森林管理、森林自然、水资源管理、森林基础设施、空间信息和森林资源管理方面的专业知识和咨询。②森林资源数据管理、遥感、森林调查和经营方案编制。中心提供可靠的基于研究的信息和专家服务、有效的解决方案和工具，在制定森林经营管理方案时发挥作用，将森林所有者、森林工业和自然组织的代表召集在一起，共同促进森林的健康发展。③能力建设与培训。通过提供专业知识和现代技术相结合能力培训，林业工作者能够从森林、自然和空间信息专家的高级专业知识以及开发人员网络中受益。④技术推广与沟通。Tapio 是森林技术的提供商，了解网络并知道沟通可以做什么。一是制作教育影片，比如经验丰富的专业人员使用视频为从种植到清理维护链锯的正确和安全工作方法提供建议。二是制作交互式在线课程和小工具。例如，可以修改传统指南的内容，采用交互式在线课程的形式，设计视觉上有趣的测试和小工具也是一种现代交流方式。三是社交媒体账户的设计和维护。例如，Facebook 上的森林道路小组旨在作为森林和森林道路专业人士、道路市政当局、森林所有者和所有森林道路使用者的讨论论坛。企业之间分享林道建设、改善和养护的最新消息、照片和实践经验。道路使用者的经验也很重要，该服务是森林管理建议通信的一部分，有需要或感兴趣的人可以订阅。

4. 农业生产者和林主中央联盟(MTK)

MTK 为民间自发组织，下辖 14 个区域林主联盟(Provincial MTK Union)和 62 个森林管理协会(FMA)，拥有超过 31.6 万名成员。MTK 的姊妹组织 SLC 拥有大约 1.3 万名成员，在芬兰的瑞典语地区开展业务。

森林管理协会(FMA)是专门管理私有林主的组织机构，是一个非营利组织，其主要目标就是帮助林主有效地经营和管理好其所拥有的森林。FMA 在促进可持续森林管理和在家庭森林所有者之间交流信息方面发挥着关键作用，其下设约有 300 个办公地点，几乎遍布芬兰每一个市(县)。

(1)广泛的服务

FMA 在与森林有关的所有事务中与森林所有者密切合作。他们在林业问题上提供培训和建议，并提供专业帮助，从而保护森林所有者的利益并帮助他们实现目标。协会的顾问每年为近 13 万处林地的所有者提供个别指导，这代表了大约 40% 的森林管理协会成员。

（2）独立治理和融资

FMA 完全由森林所有者管理和资助，《森林管理协会法》规定：每个森林所有者都支付森林管理费，因此自动成为其森林所在地区的协会成员。会员资格也对免交费用的小型森林所有者(少于 4 公顷)开放。森林所有者支付的法定森林管理费约占协会收入的 15%，主要用于向森林所有者提供建议、培训和传播信息，以促进森林管理。其他收入来源包括服务费、林业经营规划和监督费用以及送货销售费。

（二）芬兰林业机械装备发展现状

芬兰林业机械化发展经历了从无到有的过程。20 世纪 50 年代，芬兰伐木主要靠人工用锯和斧子，木材运输采用马拉车的方式；机械制造方面制材厂和造纸厂所需设备几乎全靠进口，只能生产零配件。20 世纪 60 年代，拖拉机代替马匹运材，链锯代替手锯。20 世纪 70 年代，完成采伐机械的开发制造。20 世纪 80 年代以后，新技术用于采伐机械的研究开发。芬兰林业生产机械化程度很高，播种、育苗、种植、采伐、加工等各环节基本由机械完成。林业的机械化大幅度提高了林业生产效率和降低了用工成本，为林业快速发展提供了保障。

1. 采运机械

芬兰在林业采运机械中广泛应用电子技术、自动化技术和信息技术。①采伐机械配备测量木材直径和长度的传感器。②采伐机械的机载计算机控制造材，进行数据采集、传输和处理，完成生产统计，实现与用户的通信联系。③广泛应用 GIS 和 GPS 技术。采伐机械上的 GPS 装置可以使其定位准确到几米范围内，甚至可以定位到一棵特定的树，并在数字地图上拟订运材计划，为运材车选择最佳路线。④轮式拖拉机装有重量传感器，其起吊架上应用大量高新技术，以便通过操纵杆调整起重架的液压系统。⑤激光器具用于森林测量。可在几百米外测出树高，误差只有几厘米。用激光测量可在采伐前预测材种。⑥在贮木场，用激光测量装置测量单根木材或一垛木材的材积和价值。⑦用三维成像技术将林中环境重现在采伐机机载计算机显示器上，避免操作者因观察不清造成事故。⑧从森林到产品全程数据采集和处理，实现经营管理的最优化。阅读信息标记处理(Marking Reading Information Processing，MRI)包括在采伐时对原木编码；将采伐时测量、观查的数据存入数据库；在选料场用智能彩色相机对原木读码；把观测到的数据输入数据库；在锯材线上对原木读码；把形成锯解方案的信息输入数据库；对锯材编码；对板材读码；把由自动分等装置产生的板材四个表面的缺陷图输入数据库。

2. 筑路、养路机械

林区道路是林业和区域发展不可或缺的基础设施，芬兰林道建设起步早，现已形成了与本国林业生产作业体系相适应的完善的林道路网体系，林道总长度 13.35 万千米，林道密度已达到 5.8 米/公顷。

冬季道路对于木材采伐极为重要，尤其是在芬兰北部。拉普兰地区近一半（45%）的木材是通过冬季道路采伐的。冬季道路是临时搭建的，减少了等量建设永久性森林道路的需要，降低对土壤和树木的损害。冬季道路路基是在平整的荒林或越过泥潭，通过压实积雪，用液压挖掘机、推土机或压路机平整路基。这些机械液压操纵、轮式加半活履带，不仅效率高、质量好、施工转移方便，而且能一机多用。

芬兰对公路和林道干线等级要求很高，因此十分重视道路维修和养护。芬兰把沙石路面改成碎石沥青路面，使用年限长，维护成本低。主要用碎石机和平路机把旧沙石路基整平，做好路拱，用直径 18 毫米以下的碎石和沥青或油渣搅拌铺洒，用震动压路机压实，改成碎石沥青路面。每千米约需 6 吨沥青或油渣，改造之后的林道维护成本降低，林道木材运输通畅。同时，力图避免林道建设对环境、土壤、水道的影响。

3. 牧草机械

芬兰牧草生产实现全面机械化，为了保持竞争力，提升农具的科技含量以提高机械的实用性和可靠性是必要举措，因此越来越多的现代高科技，如电子信息技术、液压精确控制技术、GPS 技术等被引入到新产品的研发当中。芬兰安格尼克（Agronic）公司是一家以生产打捆机、圆捆包装机、加料设备和肥料罐及其相关设备为主的农业机械制造商，其产品以能够抵御北方严寒的苛刻条件而知名。该公司研发 Agronic 1022 圆形捆包机安装两个 750 毫米预拉伸装置在双臂上，草捆被拾起、包裹，然后以与打包机相同的方向掉落。整个操作顺序是自动控制的，一旦捆包激活装载臂上的装载传感器，包装程序就会启动。牵引杆是液压的，可以轻松调整，以便与草捆精确对齐。当在打包机后面"串联"使用时，机器会通过打包机室门中的传感器自动设置为工作。一旦仓门关闭，操作员就可以向前行驶并打捆下一个草捆。

（三）经验借鉴

芬兰虽是一个小国，但在森林资源和森林工业方面却是名副其实的"巨人"。第二次世界大战以后，芬兰依靠"绿色金库"建立起自己的家园、工业和福利制度。畜牧养殖、森林已成为芬兰国民经济和普通人家庭生活中的一个重要组成部分，农业和畜牧生产实现自给自足，林业成为国民经济的支柱产业。芬兰林草的可持续发展，与其广泛采用先进科学技术在生产、经营、管理过程中实现机械化、自动化和信息化是分不开的。现在芬兰林业采伐工作的95%都是采用机械化作业的。芬兰在实现林草机械化过程中，在科研体系、经济支持、教育培训等方面付出了努力，其成功经验值得我们学习借鉴。

1. 科研体系

芬兰林草科研课题是针对林业和草原生产实践中最需要解决的问题而立项。科研人员对生产实践和社会需求中亟待解决的问题十分关注，常常深入到生产第一线，同企业和林主座谈，了解实际工作中存在的问题，提出研究计划和目标，寻求经费支持，争取早日立项。林主则根据生产需要提出问题，直接向科研单位、院校或森工企业提出研究要求，科研单位应邀进行研究，研究成果可以直接转化应用到生产领域，研究成果显著的，可以向全国推广。这样就形成了良性循环，缩短了科研成果转化的时间，提高了科技含量。

2. 经济支持

芬兰科研开发经费占 GDP 的 3.4%，居世界前列。其中，芬兰林业科研经费为 5000 万欧元/年，在欧洲居领先地位。芬兰农林业科研项目经费来源主要有三个：国家财政拨款、欧盟资助、企业资金。芬兰对于林业发展并不提供直接的技术服务，主要是通过市场提供，林主花钱买技术，政府也提供一部分补贴，主要补贴在开发、研发计算机软件等项目上，不直接补给林主。芬兰1997 年出台《可持续林业补贴法》，规定每年提供 6000 万欧元用于补贴私人林主，用于小树苗管护、能源木材采集、沟渠维护和森林道路建设等，目的是促进私人林场环境管理和保护以及提高能源木材使用。

3. 教育培训

芬兰在林草发展过程中十分重视专业技术人员的教育培养。芬兰的林业教育分为综合中学、中学、技校和大学 4 种层次。芬兰最高水平的农林业院校有赫尔辛基大学农林学院、约恩苏大学林学院以及其他大学的植物和生态学专业。只要在林业专业内获得一个学位，都会被授予林务官的头衔。经过进一步的学习和研究后也可以得到硕士和博士学位；技校在林业、森林有效利用和林草机械设备操作方面提供专业的培训，针对林业工业中的实际需要来培养学生。课程设置从成人教育到研究生的学习课程都有。大学以外的成人教育由市政当局和工会管理；林草机械经销商、私有林主协会、国家森林企业等组织提供机械设备操作技术培训，培训分为现场培训、课堂培训、网络研讨会等形式，确保每个人都能安全高效工作。

4. 专业化服务

协会在机械化发展中发挥了重要的作用，其解决了小规模分散经营的弊端，为专业化、机械化的服务提供了组织保障。协会与森林所有者合作，负责大部分林业措施的规划及其在私人森林中的实施；80%～90%的与私人森林中木材生产相关的活动是由森林管理协会开展的；他们还执行大约 75%的木材销售初步计划，并在销售交易中提供重要帮助。

五、结 论

从林草机械发达国家的经验得出，林草机械发展的根本原因在于内生增长动力（图4-6）。对利润的追逐及成本的压缩，带动了装备的改进和创新，形成了产业发力、企业主体、市场主导、政府引导、科研协同、联盟协助、合作共赢、良性循环的运行机制。林草产业的快速发展对提高生产效率、减少能耗、降低成本提出了要求，也为扩大林草机械的生产提供了经济支持。人口老龄化、劳动力资源减少等日益突出的问题，也加快了机器替代人的创新步伐。

林草机械企业是创新的主体。企业以市场需求为导向，以技术创新为引领，降低成本、提质增效，不断自我迭代优化，增强自身的核心竞争力，最终实现盈利。企业十分重视产品质量和延伸服务，对经销商和用户进行技术培训及后期保养维修。大型林机设备根据用户个性化需求实行订单式生产，为每台设备建立详细的档案，包括销售地、生产线上每道工序的负责人等信息，实现质量可溯源，保障售后跟踪服务。

政府部门通过制定林业政策、立法、战略规划，管理林业、林产品贸易等相关措施规范引领装备产业发展，通过科研投入、补贴资金、低息贷款、技术培训、人才培养等，支持服务装备产业发展。科研单位协同创新，帮助企业制定创新的目标和任务，设计新技术和新工艺，帮助成果应用于生产实践。

林主联盟负责推动私有林发展、保护林主利益、促进林主间合作和协助林产品销售，在国家、区域和地方层面发挥作用，通过降低林机购置费用，及时反馈问题和需求、优化林机设备来降低生产成本，提高机械的使用效率，增加林主收益，实现可持续经营。

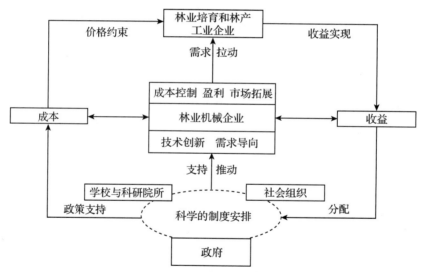

图 4-6   国外林草装备发展的机制借鉴

第五章

林草机械装备体制机制建设对策

一、 林草机械装备体制机制建设存在的问题

（一）林草机械装备行政事业管理方面的问题

1. 林草机械装备归口管理部门不明晰

林草机械装备发展长期缺乏行政管理。林草机械装备产业一直处在市场失灵、政府主管部门缺位的状态。林草机械装备行政管理较弱，至今没有明确的行政部门和事业单位管理林草机械装备发展相关工作，更无法构成行业主管、省、市、县、乡各级政府机构共同组织和引导林草机械装备的发展机制。林草机械装备缺乏政府部门或行业机构权威性的及时指导与协调，不能形成产、学、研、用、政的有效衔接，导致无法有效组织行业协作攻关。林草机械装备科技研发与推广队伍严重匮乏，研发项目少，投入不足严重制约林草机械装备发展；面对国家加速推进大规模国土绿化、荒漠化石漠化防治、山水林田湖草沙综合治理的艰巨任务，林草机械装备产业不能形成全国"一盘棋"、整合有效资源、集中力量办大事的组织机制。

2. 林草机械装备发展的顶层设计缺失

林草机械装备研发没有列入林业发展计划，落到具体层面更是无据可循。

目前的规划大都体现在传统的林草生产和发展上，如森林经营方案、防火规划、林地保护利用、发展规划等，但是在林草机械装备方面的设计和规划较少。从政府层面来看，缺少对林草机械装备化发展的整体谋划，既缺乏制度设计和政策支持，也不存在发展林草机械装备的专项资金支持与专项项目保障，包括各类林草机械装备制造标准、对林草机械装备的研发与制造支撑，以及购买或租赁补贴等都有欠缺。在对林草涉及装备的相关主体进行调查走访的过程中，大部分负责人都指出，林草机械化装备并不是当下的工作重点。由于对林业机械装备行业的重视程度不够，顶层设计的缺失，导致从一起步就缺乏制度保障，进而会遇到各种各样的阻碍。

3. 林草机械装备的专项资金投入不足

长期以来，林草机械装备的重要性一直未能得到科学的认知，其政策支持力度也极为薄弱。自改革开放以来，我国持续大力推进农业机械化，特别是实施了农机购置补贴政策。2004—2016 年，中央财政资金累计投入农机购置补贴资金 1860.8 亿元，有超过 3900 万台（套）农机具获得补贴，惠及了逾 3000 万农户，我国也由此成为世界农机制造和使用第一大国。然而，我国农村山区的林草机械装备生产和使用长期没有纳入农业机械政策支持体系中，农业机具补贴很难应用到林业方面。由于管理渠道的不同，同样服务于农业和林业的装备制造企业，始终无法享受购机补贴的同等待遇，这直接影响了更多的制造企业投身于林草装备产业。林草机械很难进入农机购置补贴目录，无法获得政府的资金支持，这在一定程度上提高了林草机械的购置门槛，增加了林农购机压力，导致林农买不起、用不起林草装备，对林草机械化的发展和普及形成了阻碍。

随着林草机械装备需求结构加快向高质高效深刻转变，政策实施中也出现一些需要加快解决的突出问题：一是"十三五"期间国家重点支持丘陵山区适用等短板机具的研发，其成果转化力度有待进一步加强（于航等，2019）。二是引导购置高端、智能林草装备产品机制不够完善，对一些保有量明显过多、技术相对落后的机具实行补贴标准降低和补贴范围退出机制尚不健全。三是对金融机构引导作用尚未充分显现，受多数购机者筹资能力弱、贷款申请难、还贷压力大等因素影响，大型智能林草装备的推广应用受到一定程度的影响。四是补贴资金兑付标准、渠道和效率有待进一步提升，有的购机者当年提交的申请，下一年才能拿到资金，甚至存在去年购机至今还未兑付的情况。

（二）林草机械装备行业发展管理方面的问题

1. 林草机械装备企业生存环境艰难

我国林草机械装备经营规模小，投资能力弱，林草投资严重短缺，致使林业草原机械化发展进程缓慢（缪宗华，1998）。同时，林草机械装备企业市场开拓艰难，林草机械装备经销商和生产商也面临不同程度的资金压力。一是林草机械装备生产作业环境差，需要的装备差异性大，单机的市场容量不高，市场份额小。二是林草机械装备机械利润率低。低端林草机械同质化严重，企业间陷入低端价格战，利润率低，导致企业用于设备研发的费用较少，用于新产品、新技术研发的费用就更少。三是林农的用机意识和用机习惯，还需要启发、培训、拓展。从研发、试制和使用，还需要一个过程。四是林草机械装备研发周期长、创新难。我国林草机械装备产品开发周期是国际水平的 2~3 倍，需要投入大量研发资金，而一些机械设备又比较容易模仿，这就导致很多中小企业采取模仿、抄袭大企业产品，对原创企业科技研发形成冲击。

2. 林草机械装备产业发展基础薄弱

我国林草机械装备发展基础薄弱，政策空白点多，市场缺乏活力，科技研发体系不健全，导致林草机械装备水平与国外存在近 20 年的差距，也与国内农业机械存在逾 10 年的差距，成为我国生态建设和经济发展领域的典型"卡脖子"工程（吴则坤等，2014）。林草机械装备的市场机制不发达，企业发展能力低下，产业潜能没有得到激发。随着我国林草生态建设和富民增收产业的快速发展，林草机械装备的需求急剧增长，但"无机可购""无机可用""无好机用"问题普遍存在，林草机械装备市场仍处于发展的初期阶段，严重滞后于现阶段发达的社会主义市场经济体制。林草机械装备企业 80% 为中小微企业，基础差，技术落后，资金不足，产品开发周期是国际水平的 2~3 倍，企业普遍缺乏创新发展能力。此外，林草机械装备新产品技术保护机制不健全，使得多数企业不愿意主动进行技术创新和产品开发（张琦峰等，2018）。

3. 林草机械装备产业结构有待优化

我国现有林草机械装备企业主要集中在木材加工等户内机械，以木材生产和利用为目的，重视木材资源开发和综合利用技术机械的发展，忽视了营造林及相关专业机械的发展，植树造林等生态建设户外机械少，占比不足30%。林草机械装备制造企业生产技术总体水平较低，处于"制造—加工—组装"低技术含量和低附加值环节，生产方式比较粗放，创新能力弱，80%以上为中小企业，人均生产率不到发达国家的1/6，产品附加值仅为发达国家的1/3，缺少具有国际影响力的大型企业和著名品牌，在全国产业分工中处于低端水平，与全球相比差距更大。随着新一代信息技术与制造业深度融合，正在引发影响深远的制造业产业变革，以大数据、云制造为代表的制造业正在发生历史性重大变革，我国林草装备制造企业如果跟不上发展的步伐，将更加落后，面临二次淘汰的风险。

林草机械装备企业在产品开发上从企业经济效益出发，注重大型技术装备、工业生产线技术装备、大规模经营技术装备、经济效益好的机械的开发，而对小型机械、应用面窄小的机械、经济效益不显著但社会效益好的机械的开发缺乏积极性。

另外，我国林草机械装备产品质量有待提高。因中国的林业装备技术研究起步较晚，设备的开发及生产能力薄弱，发展很不平衡。例如，苗圃生产机械化程度平均仅为44.6%；造林大都由人工来完成，实现机械化造林不足10%，且设备故障率高，功能单一，配套性差，利用率不高；机械产品的制造质量不高，但价格偏高。

（三）林草机械装备科技创新管理方面的问题

1. 林草机械装备的公共服务体系滞后

服务于公益性事业的林草机械存在市场失灵，这使得单纯依靠市场机制难以推动其全面发展。林草是惠及民生福祉的公益性事业，要实现高质量就业，高效益发展，所处的特殊作业环境，更需要结构简易、携带方便、价格低廉机械设备，但由于山区林农经营分散，经营成本高、影响因素多、经济效益不高，企业利润空间很低，有的设备做得越多就亏得越多，如果单靠市场来配置资源，就很难发展起来。这就需要政府发挥作用，加强顶层设计，深入研究相关的扶持政策，制定并落实林草机械购置补贴政策，维护保养政策，促进设备安全使用，加快技术迭代升级。

要实现林草机械装备高质量发展需要有科学的标准、精准的配套。目前，我国缺乏科学合理的林草机械装备标准、清单、名录和要求，不能为林草机械装备的发展提供指导。一是林草机械装备的生产厂家在生产中，无据可寻，各自按自身的想法进行生产，在用户采购设备后，配件出现问题时，难以在市场上及时采购到相应的零部件，导致设备闲置或者解决问题的时间较长。二是林草机械装备的质量有待提升。比如灌溉用的水车，基本是一个拼装车，用的是相对落后的吉普汽车底盘，拼装了其他行业的各种设备，安全系数差、运送能力差、行驶速度缓慢。三是由于我国幅员辽阔，地势变化较大，林草的地形情况复杂，因此，很多在平原地区适用的林草机械装备，在高原地区缺乏施展空间，用户也不知选择和使用何种合适的林业机械装备。

2. 林草机械装备的科技创新水平不高

国家对林草机械装备的科研投入严重不足（袁宝杰等，2021）。近年来，我国对农业机械加大了投入力度，但对于林草机械装备投入微乎其微。据不完全统计，"十三五"期间我国每年农业机械总投入超过 1000 亿元，而林机装备国家投入甚微。20 年来，林草装备没有获得过国家科技支撑和重点研发计划项目资助，科研队伍人才流失严重，坚持从事林草机械研究的寥寥无几。科研院所承担的项目只有把成果转换成生产力，才能转换成市场价值，促进林草事业的发展。由于缺乏有效的组织，科研及推广经费不足等原因，有的科研成果只停留在完成课题总结验收阶段，没有从样品变为产品，再从产品转变为商品，成为林草经营者普遍接受的生产手段。有的成果自身性能的可靠性、稳定性、安全性，还需要进一步实验。有的科研成果只在一个两点局部发挥作用，没有得到普遍的推广和应用。

企业科研开发力量薄弱，资金投入不足，技术进步缓慢。比如人造板装备行业较早地引进了一批国外先进技术，但对消化吸收缺乏足够的软硬件投入。应用基础研究往往需要大量的资源投入，风险大，而国内林业机械装备企业产业规模小，实力弱，使人造板机械的应用基础研究缺乏长期稳定支持。市场竞争实际上是技术实力的较量。国外对此极为重视，纷纷加大投入，占领技术制高点。各大著名公司用于科研开发的资金均占其销售额的 4%~5%，重点领域达 10%。国内企业自主创新能力弱，易受知识产权制约。长期以来，我国人造板机械的产品开发，多停留在低水平的重复模仿上，缺少自主的核心技术，自主研发能力薄弱，企业只注重眼前利益，对长远的发展缺乏足够的投入，发展后续乏力。

林草机械装备产、学、研、用之间信息不对称，产、学、研、用没有形成有效的链接。虽然国内有不少高等院校从事科研工作，但与生产实际结合的不紧，特别是科研成果转化为成熟产品的速度慢。林草生产经营主体多为分散的林户、林场、企业，规模小、经济基础弱，作业空间复杂，生产环节多、变化大，对机械的需求总量千差万别，小而无序，形不成产业发展的动力，没有形成产、学、研、用有效的信息链、价值链、利益链。一是科研创新成果束之高阁。以 SCI 为导向的科研考评机制，导致科研人员以完成课题为主，以发表论文为成果，研究成果不接地气，缺乏实践导向，形不成生产力。二是企业创新无处下手。许多企业有自己的研发团队，也有研发资金，找不到合适的产品和市场。三是产品供给与市场需求脱节。目前基本处于无序发展状态。林草装备研发与林草生产需求未能实现有效对接，林草装备产业链上中下游技术脱节。新产品缺乏有效试验，作业环境、林艺草艺与装备不匹配，导致林草装备研发成本高、利润低、品种少、销量少，装备企业研发生产积极性不高。

虽然我国林草机械装备产业发展取得了一定进步，但总体而言林草机械装备发展滞后，区域发展极不平衡。特别是党的十八大以来，生态文明建设作为国家"五位一体"总体布局的建设重点，林草机械装备远不适应形势发展的要求。

3. 林草机械装备的专业人才缺口较大

科研队伍人才流失严重，高层次创新人才更是稀缺。与通用制造业相比，林草机械装备属于服务林草原行业的专用设备，面临着行业需求广泛多样、作业条件复杂各异、林艺草艺装备脱节等问题，而科研项目少是造成林草机械装备落后的重要原因。由于资金项目少，培养单位减少，产业凝聚力降低，致使人们从事林草机械装备相关研发工作的意愿减弱，从事林草机械装备研发工作的人员逐渐减少，科研队伍人才流失严重，高层次创新人才更是稀缺。

市场上林业机械化、自动化、智能化装备的供给严重不足，为林业设计研发的、生态型专用设备的人才太少。国家林业和草原局直属林业科研团队机械装备科研机构研发人员不足 70 人，林草机械科研队伍缺少高水平学术带头人和技术拔尖人才，人才流失达 50% 以上。全国现有专业从事林草装备研究的科研教学单位不足 10 家，教学单位中仅有北京林业大学、南京林业大学、中南林业科技大学还保留着林业装备专业的院系和学科方向，其他则合并至机械工程或农业机械化工程学科专业中。湖南省林业科学院、福建省林业科学研究院、内蒙古自治区林业科学研究院、甘肃省治沙研究所各保留了林业装备研究团队1 个。能坚持下来做林草机械研究的甚少，做户外机械研究的更是寥寥无几。全国科研机构中林业装备科技人员总数不足 200 人，而农业机械科研机构现有科技人员约 1.5 万人。

我国科研基础理论和创新能力不够，应用技术基础研究不足，缺乏这方面的专业人才。比如在营林技术装备研究方面，我国科研人员通过多年来的努力，在不断引进、消化吸收国外先进技术的基础上，已形成了比较齐全的营林机械装备产品种类，但多数产品技术来源于对国外产品的模仿，缺少对各类产品技术的应用机理、设计理论的研究，试验设施不健全，设计手段落后，试验数据极度匮乏，没能完全掌握产品的核心技术，在结合国情开发新产品的研究中缺少再创新和提高的能力（陈达文，1996）。可喜的是，近几年来，行业投资方、管理层、建设方和从业者都已开始认同了投资效益、施工效益和就业效益需要统筹兼顾的问题。

二、 高质量发展下的林草机械装备体制机制建设对策建议

（一）完善林草机械装备行政事业管理

工欲善其事，必先利其器。习总书记高度重视生态文明建设，党和国家赋予林草部门生态保护和修复，加快林草产业高质量发展，提高土地综合效益方面更多的责任和使命。面临着装备水平整体不高，林草装备创新能力不强，林草装备产业薄弱的情况，必须从体制机制上下功夫，形成多管齐下，多头发力，建立起功能明确、治理完善、运行高效、监管有力的管理体制和运行机制，集

聚产、学、研、用政企各方面的力量,调动有效资源,引导消费需求,激发创新活力,促进装备的有效供给和科学使用,实现供需两旺、整体提升、良性循环的林草装备发展新格局。

1. 加强组织领导,明确行政管理部门职责

全面推进林草机械装备发展,必须加强党的领导,通过政府指导、政策引领、信息服务、市场培育等一系列举措,着力解决各类"卡脖子"和瓶颈问题。

一是强化思想认识,把提高林草装备水平作为实现林草高质量发展的重要手段来抓。各级林草行政主管部门,为了高效打造"绿水青山",加快建成"金山银山",需把装备视作建设现代林草、实现高质量发展、提升劳动效率、提高资源利用率、改善工作环境及建立社会公平共享机制的重要手段,同时也作为建设林草治理体系和治理能力现代化的一项重要任务来抓。针对林草大多位于丘陵山区,地处偏远,机械化难度比较大,机械作业条件与机械化生产还不协调,有效市场需求不足等突出问题,施行系统再造,通过组织创新,转换林草现代化发展方式、组织方式和经营方式,提高专业化、规模化、社会化和市场化水平。通过行政推动、政策扶持、典型示范及组织培训等,积极引导市场需求,科学培育市场动力,逐步打通林草装备进山入林的通道。

二是强化行政管理,明确负责林草装备行政管理的行政机构和职能。在国家、省、市等林草管理部门组建或明确林草机械装备管理机构,明确林草装备管理职责,建立林草机械装备发展工作领导负责制和多部门合作机制,建立健全组织架构和任务体系,建成与五级行政管理体制相一致的林草机械装备管理服务体系,确保各部门、各层面、各单位按照明确的目标履职。各级林草部门加强组织领导,高度重视林草机械装备发展,积极争取建立党政主要负责人牵头的林草机械化建设领导机制,切实稳定机构队伍,理顺管理体制,把林草机械装备发展纳入各级林草管理部门的议事日程和考核目标。

三是强化事业保障,建立国家层面的林草装备创新中心。有效发挥政府平台的引领作用,妥善解决科技与市场"两张皮"、产业链与需求链不衔接的问题。做好林草机械装备与林草发展目标任务的衔接,进一步完善发展战略的制定以及重大方针政策的执行机制,同时健全决策咨询、建设成效评价等制度。推动和培育林草装备市场的发展,对全国林草装备科技创新、成果转化、技术推广、作业规范、林农培训等工作予以指导。鼓励并支持林草机械行业协会、学会的建设，使其发挥在学术研究、信息交流、教育培训、标准制定、技术指导等方面的作用，以服务并引导林草机械行业转型升级，助力林草机械装备的发展。同时，积极协调发展改革、财政、科技、工业和信息化、自然资源等相关部门，争取支持，形成合力，共同推动林草机械装备发展（孙喆，2017）。

2. 加强顶层设计，充分发挥战略导向作用

加强顶层设计和工作指导，建立由政府牵头的林草机械装备发展协同推进机制，加强林草机械装备发展宏观引导，统筹协调林草机械装备发展工作，解决发展中的突出问题。

一是深入开展林草机械装备现代化战略研究。突出规划指导，按照《国民经济和社会发展第十四个五年规划和2035年远景目标》和《"十四五"林业草原保护发展纲要》的要求，编制下发《全国林业和草原机械装备发展规划》，确定具体发展目标和任务，强化规划的引领作用，统筹考虑加快推进林草机械化发展。在国家实施的重大项目规划和实施中，增加林草机械装备的内容，拨出专项经费确保林草机械装备建设，引导和鼓励使用机械化作业。同时，合理安排林草机械装备的建设资金，将其列入财政收支分类科目，使林草机械装备发展有充足的保障。

二是加快林草机械装备政策体系制定实施。充分考虑林草装备的生态建设公益性属性及林草工作场景的特殊性，研究制定加大林草机械装备产业发展的扶持政策。在认真落实现有农机装备方面的政策法规的基础上，结合林草装备自身特点和行业要求，加快林草装备政策支持，推进林草装备的标准化、多元化发展。加强行业标准体系建设、行业监督体系建设，建立有效的林草装备技术壁垒，形成林草装备研发推广、制造生产、操作使用等产业链、创新链的相关主体都能受益的良性循环的共赢机制，为林草装备产业健康、稳定、可持续发展提供良好的社会环境。

三是加大投入力度。从国际上看，林业发达国家和地区在实现林业机械化之前，普遍采用了直接补贴等措施支持购机，目前有的仍在实施，有的逐步转为机具购置贷款贴息、保险补助等措施。设立林草机械装备建设专项资金，保证对林草机械装备长期稳定的财政经费投入。探索林草机械装备新产品及成套设施补贴的路径，研究适宜林草机械发展的补贴政策，把有效并符合实际需求的林草机械装备列入补贴目录，调动林农购置林草机械装备的积极性。落实林

草机械装备产业扶持政策，支持林草机械装备产业创新高地建设。将林业机械装备纳入购置补贴范围，并研究符合林草高质量发展需求的林草机械装备购置补贴政策，实施林草机械装备购置补贴。设立林草机械专项补贴基金，在林草产业优势区域争取更多的购置补贴机型，明确产品惠及对象、核心专利等，简化流程，提高管理效率，切实调动农民购机、用机的积极性。

四是建立健全投入机制。建立以政府为主导，以企业和专业合作组织、林农协同的多元化投入机制。通过以奖代投、以补代投等方式，吸引各类社会投资参与林草机械产业发展。研究设立国家林草装备产业发展专项基金，重点支持农村林草实用装备产品开发。在新增中央投资中安排林草装备产业振兴和技术改造专项，建立使用国产首台（套）装备风险补偿机制，出台相应配套政策。积极争取中央财政、科技管理等部门立项，支持林草机械装备新产品的研发，鼓励发展绿色环保和节约型、高效型林草机械装备及林业加工技术。创新林草装备企业融资渠道，引导金融机构加大对林草机械装备企业信贷投放。积极支持符合条件的企业采取上市和发行债券等多种方式筹集资金，拓宽直接融资渠道，鼓励民间资本和外资向符合产业发展方向的企业投资；中央财政应综合运用财税杠杆，对林草装备产业实施稳定的倾斜政策，在增值税税率上给予一定优惠；符合国家高新技术企业认定条件的林草装备企业，优惠税率征收企业所得税。

3. 优化公共服务水平，促进行业标准建设

一是加快提高林草机械装备社会化服务水平。要加强林机行业产、学、研、用的系统整合，加快培育社会化服务组织，大力推进林业草原机械社会化服务，提高行业集团的作战能力，提高林业草原机械专业化、社会化、组织化程度。着眼提高林机社会化服务的效率效益，支持鼓励大型国有林场林机管理部门、装备生产流通企业、社会服务组织、林农林机集体合作社开展市场供需对接、机具调度、服务保障等方面的信息化服务平台建设（高锐等，2020）。引导金融机构加大对林草装备企业和新型林草装备服务组织的信贷投放，灵活开发各类信贷产品和提供个性化融资方案；在合规审慎的前提下，按规定程序开展面向个体林农、林农林机集体合作社，为林草企业等新型林草经营主体的林草装备提供融资租赁业务和信贷担保服务。鼓励发展林草装备保险，加强业务指导，鼓励有条件的林草大省选择重点林草装备，支持开展林草装备保险业务。

二是加强林草机械装备标准体系建设，制定和完善林草机械装备质量和作业质量等标准。对林草机械装备涉及人身安全、质量安全和环境保护的技术要求，应当按照有关法律、行政法规制定强制执行的技术规范。结合《中华人民共和国标准化法》和国家林业和草原局的职能范围，对原有林草机械标准体系进行梳理、调整，充分体现国家标准、行业标准、团体标准的各自作用，确保标准体系分类科学、架构合理、内容完善，突出体现满足基础通用、与强制性国家标准配套、引领行业技术进步的作用，进一步压缩一般性林草机械产品标准数量、加大基础性林草机械标准制修订力度，充分满足林草机械装备展需求。实施应用为导向，强化标准的评估和实施效果评价，注重标准实施应用过程中的信息反馈，建立健全林草机械标准信息反馈机制。结合机械化技术推广，及时组织开展标准宣传培训活动，有效推动标准宣传实施，推动标准推广应用。

三是完善林草机械装备检验检测认证体系。在全国重点区域设立林草机械质检中心，提升林草机械试验测试和林草鉴定公益性服务能力。对涉及人身安全的产品依法实施强制性产品认证。加强林草产品质量监管，强化林草企业质量主体责任，对在用林草机械进行质量调查，加强省、市、县三级投诉体系建设，维护用户合法权益。强化林草机械知识产权保护，加大对质量违法和假冒品牌行为的打击和惩处力度，开展增品种、提品质、创品牌"三品"专项行动。

（二）强化林草机械装备行业发展管理

1. 优化行业发展环境，激发产业发展潜能

建成发达的市场机制，激发产业发展潜能和创新意愿，优化行业发展环境。加快转变政府职能，持续推进"放管服"改革，强化竞争政策基础性地位，依法保护企业合法权益。精简和优化林草机械购置、管理等行政许可事项，提升行政审批效率。建立企业联系制度，畅通政企双向沟通渠道，完善稳企政策体系，确保各项纾困措施直达基层、直接惠及市场主体。实施树品牌、创名牌战略，强化品牌意识，通过攻关加快培植名牌产品。构建以企业为主体、市场为导向、技术创新为支撑的林草机械装备现代发展模式。组织林草装备科技创新、成果转化、产品试制、技术推广、林农操作能手培训等工作。研究、争取并积极落实鼓励林草装备企业的优惠政策，建立用户评价企业名录，鼓励企业增进面向

用户的指导和服务。增强林草装备发展的组织效能，促进形成强大国内市场，带动林草装备制造业高质量发展。

确立企业的市场主体地位，扶持林草机械装备行业龙头企业，协同优势企业助力林草装备。加大对企业技术创新、工艺改良、产品升级的支持力度，引领发展一批具有生产规模、创新能力、综合效益的龙头企业，推动林草机械装备行业实现产业集聚、产业链完整、供应链发达。制订发布林草机械装备产品及企业名录，对接林草生态建设单位与富民产业经营主体，确保市场供需信息通畅，形成"以需定产""以产促定研""以研兴业"的高效发展模式。培育一批林草装备骨干企业。通过政策、信息、项目、融资、法律、技术、人才、财税等优惠措施，创新林草装备企业融资渠道，增强企业自主创新能力和核心竞争力，培育做强一批林草装备骨干企业。通过举办展览展会、进行区域示范以及运用"互联网+"等方式，为林草装备科研、制造、示范及企业、农户的使用提供信息支持和服务，促进林草装备研发推广和生产使用，不断更新换代，升级改造，为实现林草事业高质量发展提供有力支撑。

2. 推进产业协同体系，培育产业新增长极

培育一批具有生态主导力的领航企业，推动产业链和创新链深度融合，促进创新要素向企业集聚，健全以企业为主体、市场为导向、产学研相结合的技术创新体系，把发展服务型制造作为延长制造业产业链条、提升价值链地位的重要途径，发挥产业集群效应，推动形成产业链上中下游、大中小企业融通创新的林草机械装备产业增长极。产业示范扶持行业龙头，现有国家林草装备龙头企业不多，上市企业数量占据总体规模不足5%，发挥龙头企业示范效益，协同相关细分装备领域开展技术攻坚、市场开拓等工作。

国家及地方需推动林草装备产业结构调整和企业兼并重组，加快集团化、集约化进程。构建符合国情、布局合理、专业化协作、集中度高的产业格局，形成以大型企业为龙头、中小企业相配套的产业体系和产业集群。鼓励林草机械装备龙头企业由单机制造为主向成套装备集成为主转变，支持中小企业向"专、精、特、新"方向发展，建设具有林草装备特色的产业园，构建林草机械装备行业大中小企业协同发展的产业格局。依据我国林草生产布局和区域地势特点等，紧密结合林草产业发展需求，以优势林草机械装备企业为龙头带动区域特色产业集群建设，推动林草机械装备均衡协调发展。支持企业加强林草机

械装备研发生产，优化资源配置，积极培育具有国际竞争力的林草装备生产企业集团。以木工机械、园林机械等出口量较大的设备持续推动先进林草装备技术及产品"走出去"，鼓励优势企业参与对外援助和国际合作项目，提升国际化经营能力，服务周边国家"一带一路"生态文明机械装备建设(俞国盛，2021)。

3. 促进产业转型升级，推动产业提质增效

林草机械装备产业结构调整首先是适应全球科学技术发展趋势的必然选择(陈国庆等，2018)。要加快林草机械装备结构调整，大力提升林草机械装备科技竞争力，积极推广先进实用的林草机械装备科技成果，以此为生态文明建设提供有力的科技支撑。其次，林草机械装备产业结构调整是增强国内经济发展活力的有力举措。只有加快林草机械装备产业结构调整步伐，以新的发展方式替代传统的发展方式、以新的结构关系替代原有的结构关系，才能利用好经济转型带来的发展机遇，并增强林草行业经济发展活力。再次，林草机械装备产业结构调整是加快我国现代林(草)业发展的迫切要求。加快发展现代林(草)业是全面建成小康社会的有力保证，是一项关系全局与长远的重大战略任务。

林草机械装备市场通过价格机制、供给机制、竞争机制、风险机制作用于产业协同微观层面的组织结构和技术结构；政府机制通过经济调节、市场监管、社会管理、公共服务作用于产业导向、产业布局、产业扶持、产业退出等宏观层面的产业协同。通过建立林草机械装备科技创新高地等措施，从林草生产机械化、智能化发展环节到生产全程机械化，再到产前、产中、产后全产业链机械装备升级，在全国工业较发达地区率先建设一批林草机械装备产业示范园区，提高林草机械装备产业链整体水平。以木工机械、人造板机械、园林机械、木竹采伐机械等产业升级为重点，全面提升林草机械装备技术水平。

（三）加强林草机械装备科技创新管理

1. 完善科技支撑体系，营造行业创新环境

将林草机械装备纳入创新驱动发展战略。加快发展林草机械装备要对标国家科技创新驱动等重大战略，加强科研支撑体系建设，建成具有中国特色和符合中国林草重大使命的科研支撑体系，夯实行业发展基础。组织开展林草机械

装备"卡脖子"工程重大科研需求研究，发布战略发展目标及科研攻关项目清单，为科研工作提供导向。加大科研院所、高等院校和研发机构的支持力度，对标制约林草机械化、现代化和高质量发展的重大科学技术问题，部署重点研究任务，研发制造国际领先、国内适用和智能化程度高的林业机械设备。加强林草机械装备科研成果转化，支持高等院校、研发机构、中介机构以及政府、金融机构与企业构建分工协作、有机结合的创新链，形成产、学、研、用相结合的技术创新体系，打造协同创新发展模式。发挥财政在资源配置中的引导作用，持续加大项目扶持力度。通过财政对生产、研发林业机械装备的企业、科研院所、高等院校进行支持，通过科研立项、税收减免、财政补贴的方式，鼓励这些创新主体将资源用于林业机械装备的研发、生产，从根本上解决无机可用、无好机可用的问题。在"十四五"国家重点研发计划重大专项等科研项目立项中，对林业机械装备科研项目予以倾斜支持(吴静等，2018)。

完善林业草原机械装备产业创新体系。瞄准林业草原机械化需求，加快推进林草装备科技和产业创新，研发当前百姓迫切且科学合理的林草装备，重点研发适度发展规模经营的木工、人造板等现场设备，也要发展适应个体生产、丘陵山区作业的小型林草装备以及适应不同地形的抚育采伐、林果采摘的高效专用林草装备。加强顶层设计与动态评估，建立健全部门协调联动、覆盖关联产业的协同创新机制，增强科研院所原始创新能力，完善以企业为主体、市场为导向的林草装备创新体系，基于现状部署新一代智能林草装备科研项目，支持产、学、研、推、用深度融合，推进南北林草装备创新中心、林草装备产业技术创新联盟持续建设，协同开展基础前沿、关键共性技术研究，促进部分营造林、林果采收全程全面机械化创新发展。以税收政策等鼓励龙头林草装备企业开展高端装备工程化验证，加强与新型林草经营主体对接，探索建立"企业+合作社+基地"的林草装备研发、生产、推广新模式，持续提升创新能力。孵化培育一批技术水平高、成长潜力大的林草装备高新技术企业，促进林草装备领域高新技术产业发展(吴静等，2018)。

2. 加强科技服务体系建设，健全技术转化机制

启动现代林草装备创制国家科技重大专项，重点开展造林抚育、人工林质量提升、荒漠化防治、草原治理、经济林果采收、资源监测、灾害防控、木竹初加工等薄弱环节的机械化技术创新和装备研发、集成示范与推广应用，攻克

多功能底盘、林草机器人等制约林草机械化上山入林高质高效发展"卡脖子"的关键共性技术推广与应用问题。推进全产业链协同创新，以行业主管部门或委托局下属科研院所，面向全社会甚至海内外公开招投标，充分竞争，优胜劣汰。定期组织林草装备创新大赛，为企业、林农、学生、科研人员的智慧搭建平台。建立实用林草装备科技创新名录，通过以奖代补等措施，鼓励全社会大众创新，万众创业，调动全社会的资金和技术，财富和智慧向林草装备产业集聚。建立林草装备信息化服务平台，促进政、产、学、研、用信息互通，不断提高林草装备有效供给。打造林草机械装备全产业链科技创新平台，利用现有科技创新联盟、工程中心、重点实验室等平台，围绕林草重大工程和生产一线需求，实现林草机械装备产业链上下游联合攻关，产、学、研、用多主体协同推进、研发生产与推广应用相互促进机制（苏春雨，2020）。

3. 健全人才培养机制，激发内生增长动力

建立现代林草机械装备科技人才培养机制，强化林草机械装备发展指引，指导林草装备操作使用、维修维护等技能人才培训教材和培养基地建设，推动林草装备生产企业、国有林（草）场与有关院校共建共享工程创新基地、实践基地、实训基地，不断壮大林业草原机械装备人才队伍。大力遴选和培养林草装备一线"乡土专家"，弘扬工匠精神，充分发挥基层实用人才在推动技术进步和机械化生产中的重要作用。实施"双高"人才建设，引导涉林涉草科研教学单位积极设置林业装备与信息化、林草机械工程相关专业的学科方向，构建产、学、研协同科技人才培养体系。采用实训与"传帮带"，培育一大批"工匠式"机械装备技术人才。开展多渠道、多层次、多形式职业教育和技术培训，强化基层林草机械技术推广人员岗位技能培养和知识更新，提升林草装备科技创新人才培养能力。完善人才评价机制，落实国家林业和草原局党组激励创新人才"二十条"措施，坚持人才下沉、科技下乡，鼓励解决林草机械装备问题，把创新的动能扩散到林间草原地头。加强舆论引导，推介宣传发展典型，努力营造加快推进林业草原机械装备发展的良好氛围。

健全林草机械装备高端人才体系建设，加速强化国家林草机械装备科研机构建设。壮大林草机械装备科研队伍，建立林草机械装备实验室、林草机械装备技术创新中心、国家级协同创新中心、省部级重点实验室、工程技术中心等高新技术创新平台。建立现代林草机械装备科技人才培养机制，推动建立林草

机械装备科研与林草技术、林机推广相结合的机制，加速提高林草机械装备技术创新和推广能力。加强林草机械装备行业产、学、研、用系统整合，加快培育社会化服务组织，大力推进林草机械装备社会化服务，提高林草机械装备专业化、社会化、组织化程度，支持信息化服务平台建设。引导高校科研院所积极探索人才培养创新机制，融入林草机械装备发展需求，培养创新型、应用型、复合型林草装备专业人才。在高校布局林草装备技术合作学科（如机械工程等），扩大涉林草装备硕士、博士研究生培养规模。精准提炼林草装备产业人才需求，以高等院校工程教育认证为背景，引导相关高校面向林草机械化、林草装备产业转型升级开展新工科研究与实践，构建产学合作协同育人项目实施体系。推动实施产教融合、校院企合作，支持优势林草装备企业与学校共建共享工程创新基地、实践基地、实训基地。鼓励林草装备人才国际交流合作，支持林草专业人才出国留学、联合培养，积极引入国际林机、草机装备方面的高端人才。

参考文献

陈达文,1996.我国林业机械的现状及发展[J].林业机械与木工设备(2):4-5.

陈国庆,龙云安,2018. 发展不充分与农业科技创新补齐机制及对策研究[J].科学管理研究,3(3):3.

陈庆云,2011.公共政策分析[M].北京:北京大学出版社.

陈铁英,周晓桐,2018.国内外牧草播种机械的发展与现状[J].农村牧区机械化(3):12-14.

陈幸良,2011.中国现代林业技术装备发展战略研究[M].北京:中国林业出版社.

陈振明,2003.公共管理学[M].北京:中国人民大学出版社.

陈振明,薛澜,2007.中国公共管理理论研究的重点领域和主题[J].中国社会科学(3):140-152.

丛宏斌,李明利,李汝莘,等,2009.4YQK-2型茎秆青贮打捆玉米收获机的设计[J].农业工程学报,25(10):96-100.

范如国,TAN YUEHAN,GONG HUAYAN,2016.复杂网络结构范型下的社会治理协同创新(英文)[J]. Social Sciences in China,37(2):99-117.

房骏,尚力,王庆莹,2006.我国牧草收获机械的发展现状及存在问题[J].农机质量与监督(1):30-31.

高锐,邢红,王勇,等,2020.福建省国有林场营林装备现状与需求[J].林业和草原机械,1(5):25-29.

顾正平,2013.中国林业机械志[M].北京:中国林业出版社.

郝育军,2021.新阶段我国林草科技工作形势、任务和对策[J].林草政策研究,1(1):1-7.

贺长彬,王德成,王光辉,等,2015.天然草地机械化改良技术研究进展[J].农机化研究,37(6):6.

侯向阳,2009.中国草原保护建设技术进展及推广应用效果[J].中国草地学报,31(1):4-12.

胡税根,2014.公共管理学[M].北京:中国社会科学出版社.

简新华,等,2009.产业经济学[M].武汉:武汉大学出版社.

经济合作与发展组织,等,2004.分散化的公共治理[M].北京:中信出版社.

李立君,2020.林果装备产业"十三五"总结及"十四五"重点领域[J].林业和草原机械,1(6):1-3.

李松林,2019.体制与机制:概念、比较及其对改革的意义——兼论与制度的关系[J].领导科学,4(6):19-22.

李新,陈旭娟,赵丽霞,等,2011.基于专利情报分析的我国牧草机械技术发展趋势研究[J].科学管理研究,29(6):59-63.

李旭英,杨明韶,鲁国成,等,2014.苜蓿压缩过程中压缩与恢复盈利传递规律[J].农业工程学报,30(16):61-67.

梁荣庆,张翠英,任冬梅,等,2016.玉米青贮收获机械的应用及发展趋势[J].农业装备与车辆工程(2):17-21.

刘景光,2007.新制度经济学的基本假定及主要流派回顾[J].科技广场(4):31-33.

刘小虎,俞国胜,2010.中国林业机械发展的研究[J].黑龙江农业科学,193(7):141-143.

卢代富,张国华,2009.体制、机制和制度的形态界定[J].改革,4(5):130-133.

罗梅,杨小琴,2021.我国草业装备的现状与发展方向[J].林业机械与木工设备,49(4):4-7.

马晓春,2005.割草机的设计与动态特性研究[D].哈尔滨:东北林业大学.

缪宗华,1998.林业机械工业发展思路探析[J].林业经济问题(2):6,50-52.

尼玛卓玛,2015.牧草生产机械化在促进农业可持续发展中的作用[J].中国畜牧兽医文摘,31(4):206.

宁连举,孙中原,袁雅琴,等,2020.基于交易成本理论的商业生态系统形成与演化机制研究[J].经济问题(6):8-18.

宁骚,2011.公共政策学[M].北京:高等教育出版社.

任继周,2018.话说我国草业改革开放4周年——在国家林业草原局座谈会上的发言提纲[J].草原与草业,30(4):1-4.

任继周,侯扶江,张自和,2000.发展草地农业推进我国西部可持续发展[J].地球科学进展(1):19-24.

桑玉成,等,1991.公共政策学导论[M].上海:复旦大学出版社.

宋劲松,2000.评新制度经济学企业理论的基本观点[J].东南学术(6):16-19.

苏春雨,2020.创新引领科学求是,提高林草装备现代化水平[J].林业和草原机械,1(1):1-3.

苏和,刘桂香,2004.浅析我国草原火灾信息管理技术进展[J].中国草地(3):70-72.

孙柏瑛,李卓青,2008.政策网络治理:公共治理的新途径[J].中国行政管理(5):106-109.

孙光,1988.政策科学[M].杭州:浙江教育出版社.

孙喆,2017.创新驱动视角下我国林业机械化发展对策研究[D].北京:北京林业大学.

谈万强,2010.新制度经济学发展观透视[J].南京政治学院学报,26(1):22-26.

田晓琴,窦鹏辉,2014.关于深化农业科技管理体制改革和机制创新的几个问题[J].农业科技管理(5):5-7.

汪东,贾志成,夏宇航,等,2021.森林草原火灾监测技术研究现状和展望[J].世界林业研究,34(2):26-32.

王春光,敖恩查,邢冀辉,等,2010.钢辊外卷式圆捆打捆机设计与实验[J].农业机械学报(S1):103-106,102.

王光辉,2005.我国牧草生产机械化发展研究[D].北京:中国农业大学.

卫志民,2002.20世纪产业组织理论的演进与最新前沿[J].国外社会科学(5):17-24.

文建东,2021.如何避免"失街亭":论公共管理中的信任建立机制[J].四川大学学报(哲学社会科学版)(3):143-154.

吴汉洪,2007.产业组织理论[M].北京:中国人民大学出版社.

吴静,张冬平,2018.国家科技政策对农业创新型企业发展影响的实证分析[J].技术经济与管理研究(6):8.

吴则坤,邹桂珍,宗丽芬,2014.试论我国林业机械的现状及其发展[J].农业与技术,34(1):70.

伍启元,1989.公共政策[M].香港:商务印书馆(香港)公司.

习近平,2014.习近平谈治国理政[M].北京:外文出版社.

习近平,2017-10-28.决胜全面建成小康社会夺取新时代中国特色社会主义伟大胜利——在中国共产党第十九次全国代表大会上的报告(2017年10月18日)[N].人民日报(001).

邢红,张伟,唐红英,等,2021.林草装备现代化建设调研报告[J].林业和草原机械,1(1):4-6.

徐玮,2012.草原保护与改良技术与装备融合的思考[J].农村牧区机械化(5):18-20.

徐勇,1997.GOVERNANCE:治理的阐释[J].政治学研究(1):63-67.

杨宏伟,张艳红,2016.国内外割草机械发展概况[J].农业工程,6(4):19-20,32.

杨军,沈卫强,兰秀英,等,2006.9SB-2.4型草原松土补播机的研制与试验[J].农业工程学报22(7):208-210.

杨莉,2019.牧草割草机研究现状与发展趋势[J].中国农机化学报,40(11):35-40,72.

杨莉,2020.搂草机发展现状与趋势[J].中国农机化学报,41(4):57-64.

杨明韶,1991.中国牧草收获机械发展简史[J].农业机械学报(3):1-4.

杨明韶,杨红风,2016.草业机械发展过程及分析[M].北京:中国农业科学技术出版社.

杨世昆,苏正范,2009.饲草生产机械与设备[M].北京:中国农业出版社.

于航,张端,白乡,等,2019.广西龙胜县林业机械化发展现状调研与对策研究[J].木材加工机械,30(5):15-18,25.

余东华,2004.新产业组织理论及其新发展[J].中央财经大学学报(2):49-54.

俞国盛,2021.园林机械"十四五"发展规划[J].林业和草原机械,2(1):1-2.

袁宝杰,刘浩杰,2021.草业机械化发展现状与趋势[J].现代农机,159(1):6-7.

翟向燕,2020.草原鼠虫害几种防治方法[J].中国畜禽种业,16(10):51.

张成福,党秀云,2020.公共管理学[M].3版.北京:中国人民大学出版社.

张红凤,高歌,2004.新制度经济学的理论缺陷[J].国外理论动态(4):33-37.

张丽,石文斌,敖恩查,2015.自走式牧草调制收割机研究现状及发展趋势[J].农业工程,5(1):6-8,11.

张琦峰,李青江,刘学峰,等,2018.国内外草捆捡拾机械发展现状及展望[J].中国畜牧杂志, 54(10):120-124.

张文文,王秋华,闫想想,等,2020.森林草原防火灭火装备研究进展[J].林业机械与木工设备,48(5):9-14.

张占斌,杜庆昊,(2021-07-12).我国经济体制改革的历程、影响与新时代改革的新方位[EB/OL]. http://views. ce. cn/view/ent/201811/26/t20181126_30868696. shtml.

周岩,2019.我国林产工业咨询设计市场现状与前景分析[J].林产工业,56(9):51-54.

CZEMPIEL, JNRA,1992. Governance without government[M].Cambridge University Press.

DOGHERTY'O M J,1995. A study of the physical and mechanical properties of wheat straw[J]. Agri Engng Res,62:133-142.

DONALD A. HAY,DEREK J MORRIS, 2001.产业经济学与组织上[M].钟鸿钧,王勇,等译.北京:经济科学出版社.

后 记

感恩国家林业和草原局党组能给我机会到林业机械研究所工作，能有机缘加入到林机装备行业。系统梳理林机装备发展的体制机制是一件十分荣幸的事。更为荣幸的是项目得到了中国林业科学研究院中央级公益性科研院所基本科研业务费专项资金的资助，得到了国家林业和草原局科学技术司、中国林业科学研究院相关领导及专家学者的亲切关心；得到了原国家发展和改革委员会农村经济司吴晓松，原国家林业局林业改革办公室黄建兴，国家林业和草原局张蕾、杜纪山、戴广翠、高静芳，中国林学会沈瑾兰等领导的悉心指导；得到了北京林业大学谢屹、吴健、张忠义、史琛明，中国农业大学王德成、尤泳、惠云婷、张庆，原国家林业和草原局北京林业机械研究所傅万四、周建波、李晓旭、张伟、杨建华、李情乐、银晓博、于淼、徐心梦、周睿、刘彤、刘恒等，北京农业职业学院胡乾浩的参与和鼎力支持；得到了中国林业机械协会韦剑，北京林业大学赵东、刘晋浩、闫磊，东北林业大学刘久庆、杨春梅，南京林业大学周宏平、刘英的倾心相助，在此一并深表感谢。同时，还要感谢我先生李凯和女儿李昕程，以及所有的家人在我全力以赴投入工作的时候，给予我的理解、支持、默默的付出和陪伴。

祝愿中国的林草装备高质量快速度发展，为林草领域中国式现代化插上科技的翅膀！

2024 年 6 月